JULIE LEUZE & ANDRÉ HENKELMANN

DIE KUNST, EINEN WELPEN ZU BÄNDIGEN

Der besondere Wegweiser durchs
Leben mit einem jungen Hund

JULIE LEUZE & ANDRÉ HENKELMANN

DIE KUNST, EINEN WELPEN ZU BÄNDIGEN

INHALT

MIT DEM JUNGHUND DURCH DICK UND DÜNN 144

»Was guckt ihr denn so? Zu groß? Oder steht mir dieser Pastellton etwa nicht?«

VORWORT

*Romanautorin mit Border-Collie-Welpen lernt auf der
Suche nach fachlichem Rat sympathischen Hundetrainer kennen…
Da kann nur eines passieren:*

**EIN BUCH
ENTSTEHT!**

Aber von Anfang an.

Mich, Julie Leuze, begleiten Hunde nun schon seit dreiundzwanzig Jahren
durchs Leben. Meine erste Hündin, einen Appenzeller-Welpen namens
Loupi, bekam ich als Studentin. Loupi begleitete meinen Mann und mich
vierzehn wundervolle Jahre lang, machte vier Umzüge mit und wurde
unseren drei Kindern, die sie nach und nach in unserem Zuhause begrü-
ßen durfte, eine geduldige und zärtliche Freundin. Als sie starb, war ich
untröstlich und wollte nie, nie, niemals wieder einen Hund!
Bis sich anderthalb Jahre später Nico in mein Herz schlich. Er war völlig
anders als Loupi: ein verängstigter Tierschutzhund aus Süditalien, der sieben seiner acht Lebensjahre in einem fürchterlichen »Canile« abgesessen

hatte. Ausgerüstet mit Herzwürmern, Staupegebiss und panischer Angst vor Stöcken und Stiefeln, zog Nico bei uns ein und wurde in den sechs Jahren, die wir noch zusammen verbringen durften, mein Seelenhund. Nico brauchte kaum Erziehung, er las mir meine Wünsche praktisch von den Lippen ab. Alles, was er wollte, war dabei sein. Und so bekam man ihn und mich nur noch im Doppelpack zu sehen.

Und dann … kam Loki. Ein Border-Collie-Welpe wie aus dem Bilderbuch, der bei unserem ersten Besuch beim Züchter in meine beiden Hände passte und meinen Mann, meine Kinder und mich auf den ersten Blick verzauberte. Zwar war ich mir nicht hundertprozentig sicher, ob ich mir die viele Arbeit, die ein Welpe ja bekanntlich macht, wirklich noch einmal antun sollte. Aber andererseits: Ich hatte doch Erfahrung mit Welpen! Zwar war Loupis Welpenzeit mittlerweile zwei Jahrzehnte her, aber trotzdem würde Lokis Aufzucht und Erziehung für mich ein Kinderspiel sein. Tja. Denkste.

Von der ersten Minute seines Einzugs an hielt uns der kleine Loki auf Trab. Hochintelligent, mit allen Wassern gewaschen und dabei zum Dahinschmelzen niedlich, trieb uns dieses Hundebaby abwechselnd zu Ausrufen des Entzückens und zur Weißglut. Nachdem der brave Nico sich gewissermaßen selbst erzogen hatte, indem er stets unsere Stimmungen und Absichten erkannte und sich ihnen anpasste, zeigte Loki uns nun, dass es eben auch ganz anders geht – und dass wir Hundehalter schnellstens Nachhilfe brauchten!

Denn Loki war und ist ein Hund, der zwar lernen und gefallen will, der aber auch mit stabilem Selbstbewusstsein, schlauem Köpfchen und einem starken eigenen Willen ausgestattet ist. Einen solchen Hund zu halten, ist einerseits faszinierend und wundervoll, brachte uns anderseits aber auch ein paarmal an unsere Grenzen. Und so machte ich mich im Frühling 2019, als Loki wenige Monate alt war, auf die Suche nach einem guten Hundetrainer, der uns mit Rat und Tat zur Seite stehen sollte.

Ich fand André Henkelmann, und ich bin noch heute dankbar dafür. Nicht nur, weil André mir seither tausendundeinen guten Tipp gegeben hat, wenn ich mich mit Lokis Erziehung überfordert fühlte oder sein Verhalten nicht einschätzen konnte. Sondern auch, weil André und ich schnell merkten, dass wir uns auch privat sympathisch waren und dass wir die berufliche Tätigkeit des jeweils anderen bewunderten: ich seine hohe fachliche Kompetenz in Sachen Hundetraining, er meine Arbeit als Schriftstellerin. Und so kam es, wie es kommen musste. Nachdem er einen Roman von mir gelesen hatte, stand plötzlich die Idee im Raum, dass wir uns doch zusammentun könnten – für ein gemeinsames Hundebuch. Eines, in das meine jüngsten Erfahrungen mit Loki ebenso einfließen sollten wie Andrés Kompetenz und das Wissen, das er nicht nur als langjähriger Sachverständiger der Stadt Hamburg sammeln durfte, sondern auch als Betreiber der erfolgreichen Online-Hundeschule »www.deine-hundeschule.com«.

Was uns beiden vorschwebte, war aber kein klassischer Ratgeber – und natürlich auch kein Roman. Stattdessen wollten André und ich frischgebackenen Welpeneltern ein Buch an die Hand geben, in dem sie mit einem Schmunzeln sich selbst, ihre Sorgen und Nöte und ihre Junghunde wiedererkennen. Und zudem ein Buch, in dem auch solche Erlebnisse mit den kleinen Fellnasen beschrieben werden, nach denen man in normalen Ratgebern oftmals vergeblich sucht. Hier wollte André einhaken, Erklärungen liefern und Lösungen anbieten, und das nicht nur fachkundig, sondern vor allem einfühlsam und mit einem Augenzwinkern.

Denn darin waren André und ich uns von Anfang an einig: Was man als glücklicher, aber auch überforderter Welpenbesitzer nicht brauchen kann, sind erhobene Zeigefinger und herablassende Belehrungen!

So entstand das Konzept für dieses Buch: Ich, Julie, habe mir eine fiktive Familie ausgedacht, die wir durch ihr erstes Jahr mit Hundebaby begleiten. Was Mutter Franzi, Vater Tim und Sohnemann Noah mit ihrem Border-Collie-Welpen Sirius in diesen Geschichten erleben, ist zum Teil frei erfunden. Vieles entspringt aber auch Andrés Erfahrungsschatz mit den Kunden seiner Hundeschule. Und manches, das muss ich ehrlich zugeben, habe ich mit unserem Loki selbst erlebt. (Nicht die ganz peinlichen Vorkommnisse, versteht sich!)

Nach jedem Kapitel kommentiert André das Erzählte aus dem »Off«. So können die fiktiven Geschehnisse in den realen Rahmen einer intelligenten, zeitgemäßen und tierschutzgerechten Hundeerziehung eingeordnet werden. Gleichzeitig wird André Ihnen, liebe Leserinnen und Leser, wertvolle Tipps, Ratschläge und natürlich auch viele Praxisübungen für Ihren Alltag mit Hund an die Hand geben.

Aus unserer Idee ist tatsächlich ein Buch geworden. In diesem Augenblick lesen Sie darin! Wir hoffen sehr, dass es Ihnen helfen wird – und dass es Ihnen ab und zu ein befreiendes Lachen entlockt. Denn wer wüsste besser als wir, dass ein Hundebaby großes Glück und unendlich viel Liebe bedeutet, zugleich aber auch eine immense Herausforderung?
Eine Herausforderung allerdings, die Sie mit ein wenig Durchhaltewillen und einer guten Portion Humor ganz bestimmt erfolgreich meistern werden. In diesem Sinne: Viel Vergnügen beim Lesen – und natürlich auch im Alltag mit Ihrer kleinen Fellnase!

Das wünschen Ihnen von Herzen

Julie Cense +
A. Henkelmann

PS:
Wie inspirierend unsere gemeinsame Arbeit war, beweist übrigens auch Wolke, das neueste Familienmitglied im Hause Henkelmann. André hat sich während des Schreibens nämlich einen Welpen geholt!
Herzliche Grüße somit auch von unseren drei Hunden

Julies Loki (aka Sirius) sowie Andrés Wolke und Monsieur

EIN HUNDEBABY KOMMT INS HAUS

01

PREISE, POKALE UND PAPPKARTONS

»Ein Welpe soll es sein«, sagt mein Mann optimistisch. »*Das* immerhin wissen wir doch schon!«

»Ja«, antworte ich überfordert. »Aber das ist auch alles, was wir wissen.« Seit geschlagenen drei Stunden sitzen wir vor dem Computer und klicken uns durch Rassebeschreibungen, Webseiten von Züchtern und niedliche Hundefotos. Jetzt raucht uns beiden der Kopf. Wer hätte gedacht, dass es so kompliziert sein kann, sich für einen Hund zu entscheiden?

»Nur Geduld. Du wirst den Richtigen schon finden«, sagt Tim und grinst. »Den richtigen Mann hast du ja auch gefunden!«

Er gibt mir einen Kuss, und dann geht er schlafen.

DIE QUAL DER WAHL

Was ich vielleicht auch tun sollte, schließlich ist es nach Mitternacht. Mit rot unterlaufenen Augen starre ich auf den Bildschirm. Okay, ich sehe mir nur noch rasch die Seite mit den Mischlingswelpen aus Spanien an, dann ist für heute Schluss. Nur kurz, ganz kurz gucken, ob nicht doch einer von ihnen zu uns passen könnte …

Um zwei Uhr nachts wanke ich endlich ins Bett. Als ich mich an meinen Mann kuschele und mir die Augen zufallen, ziehen sie alle an mir vorbei: die süßen Mischlinge aus Spanien, die einfach vor dem Tierheim ausgesetzt wurden, sechs hilflose Welpen in einem Pappkarton.

Die edlen Afghanischen Windhunde, die ihre ambitionierten Züchter damit glücklich machen, dass sie regelmäßig Schleifchen und Pokale bei Schönheitswettbewerben gewinnen.

Die niedlichen holländischen Kooikerhondjes, für die wir uns schon fast entschieden hätten – bis wir lesen mussten, dass sie im Umgang mit Kindern »nicht sehr geduldig« seien. Damit schieden die Kojenhündchen aus,

Wie niedlich! Manche Fellnasen würde man am liebsten im Dreierpack adoptieren.

denn wir haben einen fünfjährigen Sohn, und wir sind nicht scharf darauf herauszufinden, ab wann so ein »nicht sehr geduldiger« Hund beißt. Vielleicht sollten wir es einfach sein lassen. Wer zur Hölle ist überhaupt auf diese verrückte Idee mit dem Hundebaby gekommen?!

Ein Freund fürs Leben

Am nächsten Morgen fällt es mir wieder ein: Das war ich.

Und da ich nun fünf Stunden geschlafen habe und nicht mehr ganz so müde bin wie heute Nacht – wobei ich durchaus noch drei Stunden länger hätte liegen bleiben können –, fällt mir auch wieder ein, *warum* ich gerne einen Welpen hätte: nicht, weil er niedlich ist. Also, nicht nur.

Sondern weil so ein Welpe uns die beglückende Möglichkeit bietet, ihn ein ganzes Hundeleben lang zu begleiten, von frühester Kindheit bis ins hohe Alter. Wir werden da sein, wenn das kleine Geschöpf tapsig und neugierig die Welt erkundet. Wir werden da sein, wenn es uns als erwachsener Hund, als wahrer Freund überallhin begleitet, und wir werden auch da sein, wenn … nein, ans Ende denke ich jetzt noch nicht! Denn dies ist die süße Zeit des Anfangs; und als mein Mann ins Büro gegangen ist und

Noah in den Kindergarten, setze ich mich mit einem Lächeln an den PC. Ich werde jetzt mein tägliches Schreibpensum erfüllen und dann wieder auf die Suche gehen – nach dem Welpen, der zu unserer Familie passt. Und wir zu ihm!

Vielleicht sollte ich vor dem Arbeiten nur noch ganz schnell recherchieren, worauf es bei der Welpenauswahl, abgesehen von der Rasse, ankommt. Und was es mit der Behauptung auf sich hat, dass vorgeburtlicher Stress der Mutterhündin sich auf die spätere Sozialkompetenz ihrer Kinder auswirkt ... und ob man seinen Welpen mit acht oder doch lieber erst mit zwölf Wochen abholen sollte ... Ach herrje.

Züchter, Snobs und behagliche Garagen

Zum Schreiben komme ich an diesem Vormittag natürlich nicht. Aber dafür lerne ich sehr viel Neues!

Leider auch sehr viel Widersprüchliches, denn jeder Züchter, jeder Verband, jeder Tierschutzverein und jeder Hobby-Hundehalter vertritt seine ganz eigene Meinung. So erfahre ich beispielsweise, dass es Zuchtmieten gibt, also die Praxis, die trächtige Mutterhündin für Geburt und Welpenaufzucht aus ihrer Familie zu nehmen und zu ihrem ursprünglichen Züchter umzusiedeln. Was je nach Standpunkt völlig unproblematisch ist oder grausam bis tierschutzrelevant.

Ich erfahre von Welpen, die laut Züchter-Homepage »ganz geborgen in einer liebevoll ausstaffierten Garage« aufwachsen. (Geborgen? In einer Garage? Schon klar.)

Ich lese, dass offizielle Verbände für die Rassehundezucht sehr, sehr wichtig seien, und ich lese das Gegenteil, nämlich dass ihre Mitglieder aus elitären Snobs bestünden, denen es nur auf das Aussehen der Tiere ankomme, nicht auf deren Gesundheit.

Was stimmt, was ist umstritten?

Und was ist einfach Quatsch?

Wenn ich ehrlich bin, habe ich (noch) keinen blassen Schimmer. Aber als ich mich am Nachmittag aufmache, um Noah vom Kindergarten abzuholen, bin ich trotzdem weitergekommen. Denn anders als heute Nacht weiß ich nicht mehr bloß: Ein Welpe soll es sein. Sondern ich weiß auch mit

Bestimmtheit, dass ich mich vor der folgenschweren Entscheidung, ein Hundebaby in unsere Familie aufzunehmen, beraten lassen möchte. Und zwar von jemandem, der wirklich Ahnung hat! ➤═

ANDRÉS EXPERTENRAT ZUR
AUSWAHL DES NEUEN FAMILIENMITGLIEDS

Wie sagt man doch so schön? »Aller Anfang ist schwer.« Aber nach Hermann Hesse heißt es eben auch: »… und jedem Anfang wohnt ein Zauber inne!«

So (oder so ähnlich) gehen Faszination und Herausforderung Hand in Hand, wenn man sich dazu entschieden hat, sein Leben von nun an mit einer kleinen Fellnase zu teilen. Bei der heutigen Informationsflut kann man bei der Entscheidungsfindung und Auswahl eines Welpen schon mal leicht den Überblick verlieren. Deshalb soll das erste Kapitel ein kurzer Leitfaden sein, der Ihnen dabei hilft, sich gleich zu Beginn auf das Wesentliche zu konzentrieren.

EIN HUND, DER ZU MIR PASST

Ein gravierender Fehler, der im ersten Schritt häufig gemacht wird, ist, einen Welpen nur nach dem Aussehen auszuwählen. Dabei ist es für die gemeinsame glückliche Zukunft so wichtig, sich vorab über die Rassen und ihre Eigenarten zu informieren. Es gibt Rassen mit großem Bewegungsdrang und solche, die nicht immer aktiv sein wollen, Rassen für Anfänger und solche, die unbedingt in erfahrene Hände gehören. Macht man sich im Vorfeld über die Eigenschaften des Hundes Gedanken, wird man später nicht enttäuscht, wenn er Bedürfnisse und Verhaltensweisen entwickelt, die nicht mit dem eigenen Lebensstil kompatibel sind oder seine Halter sogar überfordern. Aus diesem Grund lautet die erste herausfordernde Aufgabe: Finden Sie eine Rasse, die zu Ihnen passt!

Wenn Sie sich für einen Welpen aus dem Tierschutz entscheiden, ist es wichtig, so viel wie möglich über die Elterntiere und die Vorgeschichte des Hundebabys herauszufinden. Warum? Man kann davon ausgehen, dass etliche Wesenszüge an die Nachkommen weitergegeben werden. Die Vorgeschichte des Welpen sollte möglichst unproblematisch sein, um spätere Defizite zu vermeiden.

Was einen guten Züchter ausmacht
Entscheidet man sich hingegen für einen Welpen vom Züchter, heißt es im ersten Schritt, einen geeigneten Kandidaten zu finden. Er oder sie sollte Erfahrung in der Hundezucht haben und diese mit viel Liebe (und nicht aus Profitgier!) betreiben. Einem Profi ist zudem wichtig, seine Schützlinge in gute Hände zu geben; er wird sich im Normalfall auch später noch nach dem Wohlbefinden des Hundes erkundigen. Hier habe ich für Sie die wesentlichen Merkmale zusammengetragen, die einen idealen Züchter ausmachen:

★ Er betreut nur einen Wurf zur gleichen Zeit (nicht mehrere).
★ Er hat sich in der Regel auf eine Rasse spezialisiert.
★ Er beantwortet gerne und freundlich all Ihre Fragen.
★ Er stellt auch Ihnen Fragen (z. B. zu Ihrer Lebenssituation).
★ Er achtet auf eine saubere und ordentliche Zuchtumgebung.
★ Er übergibt Welpen frühestens nach der achten Lebenswoche.
★ Er übergibt Welpen geimpft, gechipt und entwurmt.
★ Er kennt und lenkt die Entwicklungsphasen seiner Welpen.

Der letzte Punkt bedeutet unter anderem, dass sich der Züchter ab der vierten Lebenswoche um die Gewöhnung an Außenreize bemüht. Alles, was die Welpen in dieser Phase positiv oder neutral kennenlernen, bereitet ihnen später in der Regel keine Probleme. Wenn man sich für einen reinrassigen Welpen interessiert und nach einem geeigneten Züchter sucht, ist es empfehlenswert, sich auf der Webseite des VDH (Verband für das Deutsche Hundewesen, www.vdh.de) umzusehen: Ist der Züchter VDH-Mitglied, können

Sie sicher sein, dass ein Zuchtwart darüber wacht, ob die Elterntiere gesund und nicht zu eng miteinander verwandt sind. Der Verband hat strenge Auflagen, und über die VDH-Webseite finden Sie Züchter Ihrer Wunschrasse – nach Postleitzahl sortiert. Generell ist es empfehlenswert, nach einem Züchter in der näheren Umgebung zu suchen, da man so ohne großen Aufwand die Möglichkeit nutzen kann, den Welpen ab der vierten Lebenswoche zu besuchen. Ein weiterer Vorteil ist, dass man dem Welpen bei der Abholung eine erste lange Autofahrt erspart.

Nicht zu frech – und nicht zu schüchtern
Sobald Sie sich für einen Züchter entschieden haben: Besuchen Sie ihn und lernen Sie sich persönlich kennen! Sehen Sie sich vor Ort auch unbedingt die Mutterhündin an – und nach Möglichkeit den Deckrüden. Wie bereits erwähnt: Viele Eigenschaften der Hundeeltern werden an ihre Jungen vererbt. Wenn schlussendlich alles für Sie passt, sollten Sie sich einen Welpen aus dem Mittelfeld aussuchen, also nicht das forscheste und auch nicht das ängstlichste Hundebaby. Durch weitere Lernerfahrungen in den nächsten Monaten kann sich das Verhalten zwar deutlich verändern, aber mit dieser Strategie fährt man in der Regel am besten.

»Hallo Welt, wo geht's denn hier zum nächsten Abenteuer?«

JUNG & WILD!

»Süß sind sie alle … aber auch unter Zuckerschock gilt: Augen auf beim Welpenkauf!«

A. Henkelmann

02

VOM GLÜCK UND STRESS, EINEN WELPEN ABZUHOLEN

Der schönste Tag des Jahres ist da. Und er beginnt mit einer Diskussion über Küchentücher.

»Brauchen wir nicht!«, erklärt mein Ehemann. »Warum sollte Sirius spucken? Die meisten Hunde fahren sehr gerne Auto!«

»Ja, wenn sie daran gewöhnt sind«, halte ich dagegen und packe die Küchentücher ein. »Aber Sirius kennt das Autofahren doch noch gar nicht! Vielleicht hat er einen empfindlichen Magen. Dann sind wir froh, wenn wir was zum Saubermachen dabeihaben.«

Mein Mann lächelt. »Mach dir nicht so viele Sorgen, Franzi. Du wirst sehen, es wird eine ganz entspannte Rückfahrt!«

HOPPLA, EIN HÜTEHUND?

Mag sein, dass die Rückfahrt entspannt wird.

Die Hinfahrt ist es jedenfalls nicht. Denn noch ehe wir das Stadtgebiet verlassen haben, fragt unser fünfjähriger Sohn zum wiederholten Male: »Wann sind wir endlich da?«

»In drei Stunden, Noah. Du weißt doch, dass der Züchter ziemlich weit weg wohnt.«

Wir haben den Züchter, für den wir uns schließlich entschieden haben, nämlich vor vier Wochen besucht, um unseren zukünftigen Welpen kennenzulernen. Schon damals war Noah die Fahrt viel zu lang. Doch Tim und ich finden, dass wir lieber ein paar Extrakilometer auf uns nehmen sollten, als am Ende einen falschen Welpen zu bekommen – einen also, der nicht zu unserer Familie passt. Und das wäre in diesem Fall ein Border Collie aus einer Arbeitslinie.

Arbeitslinie? Showlinie? Bis vor Kurzem waren das für mich noch böhmische Dörfer. Aber man lernt viel, wenn man sich mit der Welpenauswahl beschäftigt. Und so weiß ich mittlerweile, dass sich Hütehunde aus Arbeitslinien – solche, deren Vorfahren noch wirklich am Schaf gearbeitet haben und denen das Hüten daher buchstäblich im Blut liegt – als Familienhunde nur sehr bedingt eignen. Hütehunde aus Showlinien hingegen, bei denen es vor allem auf Freundlichkeit, Sozialverträglichkeit und, zugegeben, auch auf die Schönheit ankommt, sind für Familien viel besser geeignet. Immer vorausgesetzt natürlich, dass es dem Züchter nicht *nur* auf die Optik ankommt!

Die Show beginnt

Und so haben wir es nach reiflicher Überlegung und mehreren Gesprächen mit diversen Züchtern und Rasseberatern schlussendlich gewagt, uns für einen Border Collie aus einer Showlinie zu entscheiden.
Border Collies sind faszinierende Hunde. Sie gelten als äußerst klug, aber auch etwas kompliziert. Und Tim und mir ist klar, dass wir es mit unserem Sirius weniger leicht haben werden als mit einem, sagen wir mal, Golden Retriever. Aber wir sind ausgerüstet mit vielen guten Tipps, etlichen schlauen Büchern, der Mitgliedschaft in einem Online-Hundeforum und dem unbedingten Willen, unseren Border Collie so zu erziehen und zu halten, dass wir alle glücklich miteinander werden ... und außerdem sind wir bereits rettungslos verliebt in unseren Kleinen! In seine baby-

Das ist Loki – Sirius' Alter Ego im schnuckelig-zarten Welpenalter.

blauen Augen, seine tapsigen Bärenpfoten, sein flauschiges Fell. Seit unserem ersten Besuch vor vier Wochen sind wir Sirius verfallen, und nicht nur Noah fiebert der Abholung unseres Welpen seither entgegen.

Deshalb wollte Noah heute auch unbedingt mitkommen, trotz der langen Fahrt, über die er sich jetzt alle drei Minuten beschwert. Na ja, Noah ist eben aufgeregt. Und ich gebe zu, auch ich bin nicht die Ruhe in Person!

»Haben wir auch wirklich alles eingepackt?«, murmele ich nervös vor mich hin. »Trinknapf, Brustgeschirr, Leine, eine Decke und … ähm … habe ich noch was vergessen?«

»Die Küchentücher«, sagt mein Mann und grinst.

Doch auf der Rückfahrt vergeht Tim das Schmunzeln. Denn nach kaum zehn Minuten erbricht der kleine Border Collie, der von nun an zu unserer Familie gehört, sein Frühstück. Das *gesamte* Frühstück, und wie es aussieht, das Mittagessen noch dazu.

»Mamaaaaa! Igitt!«, schreit Noah und starrt mit weit aufgerissenen Augen auf seine Hose. »Der Sirius hat auf meinen Schoß gespuckt!«

»Scheiße«, flucht mein Mann, und obwohl wir das vor Noah normalerweise nicht sagen, kann ich ihm nur zustimmen. Sirius, der neben Noah auf der Rückbank hockt wie ein wolliges Häuflein Elend, hat sein Erbrochenes nämlich schön sorgfältig verteilt, auf die neue Hundedecke, seine Pfötchen und Noahs Hosen. Auch der Spezialgurt, mit dem er gesichert ist, hat etwas abbekommen, ebenso wie die Polster und Ritzen der Rückbank. Im Auto beginnt es durchdringend nach Trockenfutter in verschiedenen Verdauungsstadien zu riechen. Ich krame hektisch nach den Küchentüchern, Sirius winselt und zittert, und mein Sohn sagt: »Mama, mir wird schlecht.«

Die restliche Fahrt nach Hause fühlt sich sehr, sehr lang an – und wir brauchen sehr, sehr viele Küchentücher.

Krokusse und Welpenpipi

Am Abend jedoch ist das alles vergessen. Wie könnte es auch anders sein? Sirius ist einfach zu niedlich! Kaum hat er sich ein wenig von der stressigen Autofahrt erholt, macht er sich voller Neugier an die Erkundung des Hauses. Er wuselt im Wohnzimmer umher, steckt sein Näschen ins Bad,

trinkt aus seinem neuen Napf in der Küche und – pieselt ins Gästezimmer.
»Vielleicht hätten wir ihm zuerst den Garten zeigen sollen«, überlegt
mein Mann, während Noah, der immer noch eine leicht grünliche Ge-
sichtsfarbe hat, schnell das Zimmer verlässt.
»Vielleicht«, sage ich. Und da ich mein Soll an ekligen Arbeiten für heute
hinlänglich erfüllt habe, reiche ich meinem Mann die Küchentücher.
Tim wischt das Welpenpipi auf, und ich nehme Sirius auf den Arm, um
ihn in den Garten zu tragen.
Es ist Ende Februar; auf der Wiese hinterm Haus blühen Schneeglöck-
chen und die ersten Krokusse, und Sirius schnuppert aufgeregt in die
Abendluft, stellt die Ohren auf, blickt dann fragend zu mir.
Ich muss lächeln.

Neue Familie, neues Glück

»Ja, Sirius, das ist unser Garten. Hier gehörst du jetzt hin!«
Und plötzlich wird mir schmerzhaft bewusst, dass der heutige Tag für uns
Menschen zwar wunderschön ist, schließlich haben wir trotz der Hor-
ror-Rückfahrt etwas bekommen: ein entzückendes kleines Lebewesen, das
schon jetzt einen festen Platz in unseren Herzen hat. Aber Sirius? Ihm
muss es so vorkommen, als hätte er alles verloren: seine Mutter, seine Geschwister, seine menschlichen Bezugspersonen. Ganz zu schweigen von
der vertrauten Umgebung, den gewohnten Gerüchen und Geräuschen.
Alles fort!
Nun ist Sirius bei uns, bei Menschen, die er nicht kennt, in einem Haus,
einem Garten, einer Stadt, von deren Existenz er bis vor Kurzem noch
nicht einmal etwas geahnt hat. Muss das nicht *furchtbar* für ihn sein?
»Komm her, Sirius, ich zeige dir mein Zimmer!« Noah eilt über die Wiese
und nimmt den Welpen auf den Arm. Der wedelt mit seinem kurzen
Schwänzchen und leckt unserem Sohn über die Nase, und Noah quiekt
und lacht. Dann verschwinden Kind und Hund im Haus, und während
ich ihnen nachschaue, wird mir leichter ums Herz.
Klar, Sirius kann weder weinen noch sprechen. Vielleicht hat er gerade
tatsächlich Heimweh. Aber eigentlich … nein, eigentlich wirkt er ganz und
gar nicht unglücklich! Und das beruhigt mich sehr. ➤

ANDRÉS EXPERTENRAT FÜR
EINEN GUTEN START MIT HUNDEBABY

Einen Welpen in Empfang zu nehmen (meist nach der achten Lebenswoche), gehört zu den schönsten und aufregendsten Ereignissen, die man mit seinem Hund erlebt. Vor allem, wenn es der erste eigene Hund ist. Freude und Befürchtungen können ein kleines emotionales Chaos auslösen! Unsere Familie hat trotzdem alles richtig gemacht. Schließlich waren Franziska, Tim und Noah gut vorbereitet. Selbst die lange Anreise zum Züchter, von der man normalerweise abrät, war in ihrem Fall sinnvoll, da ein Border Collie eine spezielle Rasse mit überdurchschnittlichen Anforderungen ist.

REIBUNGSLOSER AUFTAKT

Im Folgenden habe ich für Sie ein paar Tipps zusammengestellt, die Ihnen beim Abholen und in den ersten Tagen mit Ihrem Welpen Hilfestellung geben. Wir starten mit der Abholung.

Besorgen Sie sich für die Rückfahrt am besten ein einfaches Gurtsystem speziell für das Anschnallen von Hunden – so wie die Familie aus unserer Geschichte. Bei dieser Vorrichtung wird der Haltegurt ganz normal ins Gurtschloss des Autos gesteckt. Am Ende des Sicherheitsgurtes ist ein Karabinerhaken angebracht, den man am Brustgeschirr des Hundes befestigt.

So angenehm und sicher wie möglich

Im Idealfall holen Sie den Welpen nicht ohne Unterstützung ab! Einer Ihrer Mitfahrer kann das Hundebaby unterwegs auf dem Rücksitz, mit einer weichen Decke als Unterlage, auf den Schoß nehmen. Mit dem beschriebenen Gurtsystem ist das problemlos möglich. Unser Ziel ist es, dass der Welpe das Autofahren von Anfang an positiv verknüpft.

Allein in einer Box im Kofferraum, wird er sich viel eher unwohl fühlen, zumal er gerade aus seinem gewohnten Umfeld gerissen wurde. Der Körperkontakt zu uns Menschen auf dem Rücksitz ist für viele Welpen eine große mentale Hilfe. Sollte die Rückreise länger dauern, ist es empfehlenswert, die Fahrt durch regelmäßige Pausen zu unterbrechen. Es ist schwierig, hier konkrete Zeiten zu nennen. Wenn der Welpe während der Fahrt schläft, ist es nicht nötig, ständig anzuhalten. Ist er jedoch sehr aufgeregt, ist es sinnvoll, jede halbe Stunde für fünf bis zehn Minuten zu pausieren. Bewegung wird Ihrem Welpen helfen, sich zu beruhigen. Bieten Sie ihm Wasser und evtl. etwas Leberwurst aus der Tube (extra für Hunde) an. Ganz kleine Mengen reichen völlig aus. Die meisten Hunde lieben diese Wurst! Und wenn das Tier nur ein paar Mal an der Tube schlecken darf, besteht auch keine Gefahr, dass es sich im Auto übergibt (dafür ist die Menge zu gering). Fahren Sie sachte, ohne abruptes Anfahren und unnötig scharfes Bremsen.

ENDLICH ZU HAUSE, WIE GEHT'S NUN WEITER?

Das Wichtigste ist, den Welpen ruhig und entspannt in seiner neuen Umgebung ankommen zu lassen. Durch die Trennung von allem, was er bisher kannte, ist er ohnehin aufgewühlt und durcheinander. Oft werden Welpen in den ersten Tagen mit Reizen überschüttet. Vermeiden Sie dies und gehen Sie die Sache langsam an. Machen Sie Ihr neues Familienmitglied also nach und nach mit seinem neuen Zuhause vertraut. Regelmäßige Ruhephasen sind dabei wichtig. Nur so kann der Hund das Erlebte auch verarbeiten.

Stubenreinheit – es gibt da einen Trick!

Die erste knifflige Trainingsaufgabe, die in den eigenen vier Wänden auf Sie wartet, ist der Aufbau der Stubenreinheit. Hier gibt es einen extrem wertvollen Tipp: Hunde merken sich nämlich den Untergrund, auf dem sie ihr Geschäft erledigen! Wenn Sie Ihrem Welpen also so oft wie möglich den Untergrund zur Verfügung stellen, auf dem er sich zukünftig lösen darf und soll (Gras, Erde, Laub o. Ä.), entwickelt er automatisch eine Hemmung und wird andere Untergründe (Holzfußboden, Teppich usw.) meiden. Am Anfang sollten Sie alle zwei Stunden mit Ihrem Welpen hinausgehen und darauf achten, dass er sich möglichst immer im Freien löst. Mehr ist gar nicht nötig, um eine verlässliche Stubenreinheit aufzubauen. Eine Welpe muss sich in der Regel lösen:

→ nach dem Schlafen
→ nach dem Spielen
→ nach dem Fressen

Rauf und runter, kein Problem

Zum Abschluss des Kapitels möchte ich noch kurz das Thema Treppensteigen ansprechen. Hierzu kursieren etliche Mythen, die viele Hundehalter sehr verunsichern.

Früher wurde geraten, Welpen das Treppensteigen generell zu verbieten und sie stattdessen so lange wie möglich zu tragen. Das hat dazu geführt, dass Frauchen und Herrchen regelrecht in Panik gerieten, wenn sich ihr Hund dann doch mal an den Stufen ausprobieren wollte. Nach heutigem Kenntnisstand wird Folgendes empfohlen: Welpen sollten frühzeitig lernen, auf Treppen zu laufen.

»Cool bleiben, ich werde mich bestimmt bald an mein neues Zuhause gewöhnen.«

Aber das Maß ist entscheidend! Oft werden drohende Hüftschäden als Argument dafür angeführt, dass Hundebabys auf der Treppe nichts verloren haben. Wissenschaftler konnten mittlerweile jedoch nachweisen, dass die Hüftgelenke von Hunden beim Treppensteigen nicht unbedingt stärker beansprucht werden, als das auf ebenem Untergrund der Fall ist.

Restrisiko vermeiden

Verletzungen können allerdings entstehen, wenn Welpen auf der Treppe einen Satz machen – also beispielsweise mehrere Stufen auf dem Weg nach unten hastig überspringen wollen. Das sollten Sie im Blick behalten und tunlichst verhindern. Wenn Sie die genannten Tipps beherzigen, wird Ihr Welpe keine Angst vor Treppen entwickeln, und über mögliche Verletzungen müssen Sie sich auch nicht groß den Kopf zerbrechen!

ANDRÉS EXTRATIPP

Gewöhnen Sie Ihren Welpen daran, vor Stufen zu warten und Treppen nur mit Ihnen gemeinsam zu laufen. Wer sich eine besonders abenteuerlustige Fellnase ins Haus geholt hat, kann sie mit Kindergittern davon abhalten, die Treppen auf eigene Faust zu erkunden. Falls auch das gemeinsame Treppensteigen zu unkontrolliert und wild abläuft, können Sie eine Leine zu Hilfe nehmen. Beginnen Sie am besten an einer sehr einfachen Treppe ohne Lücken und mit rutschfestem Untergrund. Üben Sie anfangs nur ein bis zwei Stufen und steigern Sie dann langsam – von Tag zu Tag und Woche zu Woche – das Pensum.

03 BOXENSTOPP – DIE ANGST VOR DEM KÄFIG

Kaum liegen wir am Abend im Bett, geht das Wimmern und Fiepen los. Ich habe dem Kleinen ein kuscheliges Nest gebaut und dieses neben unser Bett gestellt, ganz so, wie mein Hundebuch es empfiehlt.

Doch unserem Welpen, der das Buch offenkundig nicht gelesen hat, gefällt sein Nest kein bisschen.

»Sirius, du musst jetzt schlafen«, sagt mein Mann streng. »Ich muss morgen ziemlich früh raus!«

»Schatz, das versteht er doch nicht.«

»Das ist mir schon klar. Aber bestimmt folgert er aus meinem Tonfall, dass jetzt wirklich Feierabend ist!«

Sirius bellt. Seine Stimme klingt glockenhell und verzweifelt, und mein mütterlicher Instinkt erwacht.

»Ich glaube, er möchte zu uns ins Bett«, sage ich vorsichtig zu meinem Mann. »Überleg mal, bisher hat er immer zwischen seinen Geschwistern geschlafen! Der Arme muss sich in seiner Kiste völlig isoliert fühlen.«

»Ins Bett?« Tim starrt mich entsetzt an. »Auf gar keinen Fall! Ich will keine Hundehaare auf meinem Kopfkissen. Außerdem wird Sirius groß, spätestens im Herbst hätten wir überhaupt keinen Platz mehr im Bett.«

Da hat er nicht unrecht. Aber dieses herzzerreißende Winseln …

Ich beiße mir auf die Lippe. Dann wage ich einen zweiten Anlauf.

»Nur für eine Nacht. Ist doch die erste. Ich meine, du würdest auch nicht gerne in einem Karton schlafen, oder?«

»Warum soll er denn überhaupt in dieser windigen Pappkiste schlafen? Eine komische Idee, wenn du mich fragst.«

»Das steht so in meinem Ratgeber. Aus dem Karton kommt er nachts nicht allein heraus, und deshalb wird er sich melden, wenn er mal muss. Kein Welpe möchte sein Lager verschmutzen, verstehst du?«

»Aber er *hasst* sein Lager«, sagt mein Mann. »Das sieht und hört man doch. Er wird es liebend gerne verschmutzen!«

Ich drehe mich auf den Bauch. Zweifelnd betrachte ich unseren Welpen, der mittlerweile den Karton benagt, wild entschlossen, sich aus seinem liebevoll ausstaffierten Kuschelnest zu befreien.

»Dieses Stück Pappe«, unkt mein Mann, »hält keine drei Nächte lang.«

»Wir hätten eine Box kaufen sollen«, seufze ich. »Einfach eine stabile, welpenzahnsichere Hundebox.«

Hundebett hinter Gittern?

Tim hebt die Brauen. »Du meinst einen dieser Käfige mit Metallstangen?«

So, wie er es sagt, klingt das schrecklich, und ich beeile mich zu erklären: »Doch nur zum Schlafen für die Nächte! Und, na ja, tags für die Ruheübungen, wenn er zu sehr aufdreht.«

Mein Mann schaut mich nur an.

»Steht auch in meinem Ratgeber«, verteidige ich mich schwach. Und weil mir die Vorstellung, diesen süßen, kleinen Welpen in einen Käfig zu sperren, plötzlich selbst kaltherzig und grausam erscheint, wechsele ich rasch das Thema. »Vielleicht muss er ja noch mal raus?«

»Er war doch gerade draußen.«

»Gerade? Das war vor über einer Stunde. Er ist ein Baby, er kann noch nicht so lange aushalten.«

»Okay, ich gehe schon«, brummt Tim und schält sich widerwillig aus seiner Decke. »Aber das nächste Mal bist du dran!«

Ich nicke, gebe ihm einen dankbaren Kuss, und mein Mann kämpft sich leise stöhnend aus dem Bett.

»Da lässt das Kind uns endlich schlafen«, grummelt er, während er Sirius aus seinem Gefängnis befreit, »und wir holen uns einen Welpen ins Haus. Was für eine super Idee.«

Doch dann hat er Sirius auf dem Arm. Der Kleine blickt mit seinen glänzenden Knopfaugen zu ihm hoch. Und mein Mann schmilzt dahin.

»War nicht so gemeint«, raunt er und streichelt Sirius über das Köpfchen. »Dich kleinen Racker zu uns zu holen, war wirklich eine super Idee. Irgendwie … Nein, ganz bestimmt sogar.«

Und das finde ich auch! Selbst vier Stunden später, als ich bibbernd im mondbeschienenen Garten stehe, während Sirius seelenruhig erkundet, wie Krokusse in einer Februarnacht riechen.

Er sieht glücklich aus dabei. 🦴

ANDRÉS EXPERTENRAT ZU
KUSCHELNESTERN UND HUNDEBOXEN

Vielen frischgebackenen Welpeneltern geht es beim Thema Box, Käfig oder Kennel ähnlich wie unserer Familie: Sie sind sehr unsicher – und die Vorstellung, dass ihre kleine Fellnase die Nächte »hinter Gittern« verbringen soll, bereitet ihnen Bauchschmerzen. Das muss es aber gar nicht! Wenn man den Welpen von Beginn an positiv an eine Hundebox gewöhnt, wird er sie freiwillig und gerne als Rückzugsort aufsuchen. In diesem Kapitel erkläre ich Ihnen, wie Sie Ihren Hund mit seiner Box vertraut machen und diese auch für den Aufbau der nächtlichen Stubenreinheit nutzen können.

GEWÖHNUNG AN DIE BOX

Der erste Schritt: Machen Sie es dem Hund in seiner Box so richtig gemütlich. Mit einer weichen Decke als Bodenunterlage klappt das am besten. Lassen Sie die Box dann auch tagsüber (z. B. im Wohnzimmer) mit offener Tür stehen. So hat Ihr Welpe immer die Möglichkeit, von selbst hineinzulaufen. Als Anreiz sollten Sie ihm immer wieder etwas sehr Leckeres in sein Kuschelnest werfen und zu den Fütterungszeiten auch das Welpenfutter hineinstellen. Im Normalfall wird sich Ihr Hundebaby dann innerhalb von 7–14 Tagen an den neuen Rückzugsort gewöhnen und ihn sogar lieben! Für die Nachtsituation ist es am besten, wenn Sie die Hundebox direkt neben Ihrem Bett platzieren. So merken Sie rasch, wenn Ihr Welpe unruhig wird und sich lösen muss.

Bevor Sie den Hund zum Schlafen bringen, sollten Sie noch einmal zehn Minuten mit ihm spazieren gehen. Anschließend befüllen Sie ihm ein Kauspielzeug, z. B. einen »Kong« – das ist ein hohles Hundespielzeug aus Hartgummi, das es im Fachhandel gibt. Für die Füllung können Sie auch in diesem Fall die bereits erwähnte Leberwurst aus der Tube oder eine andere Leckerei nutzen. Den gefüllten Kong legen Sie dem Welpen dann einfach kurz vor dem Schlafengehen mit in seine Box.

ANDRÉS EXTRATIPP

Ist Ihr Welpe noch nicht an eine Hundebox gewöhnt und sträubt er sich, darin zu schlafen, hilft Folgendes: Schaffen Sie neben Ihrem Bett ein schönes Plätzchen für die Box. Achten Sie dabei darauf, dass vor der Hundebox noch etwas Platz frei bleibt. In diesem Bereich legen Sie eine Decke oder eine andere gemütliche Unterlage aus. Die Tür der Box bleibt über Nacht geöffnet. So kann Ihr Welpe selbst entscheiden, ob er in der Box liegen möchte oder direkt davor. Mit dieser Variante entstehen in der Regel keine Probleme – und die meisten Hunde legen sich nach einigen Nächten freiwillig in ihre Box.

Schritt für Schritt – so schläft Ihr Welpe durch

Das Kauen wirkt beruhigend und macht schläfrig. Volle acht Stunden wird der Hund anfangs jedoch noch nicht durchhalten. Hier müssen Sie einfach etwas Geduld haben.

Für die ersten Nächte gilt: Gehen Sie etwa alle 2–3 Stunden mit dem Welpen hinaus. Wecken müssen Sie ihn dafür aber nicht, denn der Schlafplatz befindet sich ja gleich neben Ihrem Bett. Sie werden also rechtzeitig bemerken, wenn Ihr Hundebaby in der Nacht unruhig wird und sich lösen muss. Nach circa 4–6 Wochen sind die meisten Welpen dann so weit und können nachts mehr oder weniger acht Stunden durchschlafen.

JUNG & WILD!

»Unser Baby-Border Loki hat seine Stofftiere geliebt – wobei die armen Kreaturen leider nie sehr lange überlebt haben!«

Julie Cerise

04 VON DER TARANTEL GESTOCHEN!

Es ist schwer zu sagen, wer von uns dreien am heftigsten in Sirius verliebt ist: Noah, Tim oder ich. Denn wir alle sind verrückt nach dem Kleinen, und das zeigen wir ihm natürlich auch.

Es macht so viel Freude, sich um Sirius zu kümmern! Das kluge Border-Baby hat bereits »Sitz« gelernt, wir haben ihm seine umfangreiche Spielzeugsammlung präsentiert, und die ersten Suchspiele im Garten waren ein voller Erfolg. Als Nächstes planen wir den ersten gemeinsamen Besuch im Café. Schließlich soll Sirius später nicht zu Hause versauern, wenn wir unterwegs sind, sondern überallhin mitgenommen werden! Weshalb er alles, was ihn in der großen weiten Welt erwartet, möglichst frühzeitig kennenlernen soll. An den Abenden frage ich mich allerdings manchmal, ob wir es möglicherweise übertreiben?

Denn einerseits braucht so ein Welpe natürlich Beschäftigung und will ausgelastet sein. Er soll seinen Tatendrang ja nicht an unseren Tapeten abreagieren! Andererseits erscheint Sirius mir vor dem Schlafengehen wie ein kleines Kind nach einer Geburtstagsparty – heftig schwankend zwischen aufgedrehter Fröhlichkeit und einem Tobsuchtsanfall.

DR. JEKYLL UND MR. HYDE

So auch heute. Es ist acht Uhr abends. Noah ist schon im Schlafanzug, hat Zähne geputzt, gähnt leise und quetscht sich dann wie so oft noch zwischen Papa und Mama aufs Sofa. Eigentlich wollten wir uns gerade Noahs Abendritual widmen: vorlesen und dabei gemütlich kuscheln.

Doch statt zu lesen oder zu lauschen, beobachten wir mit großen Augen unser scheinbar völlig durchgeknalltes Hundekind.

»Ähm … der ist aber schon gesund, oder?« Mein Mann blickt mich fassungslos an. »Also geistig gesund, meine ich.«

Kann man diesem wilden Wollknäuel böse sein? Natürlich nicht.

Ich zucke nur die Schultern, während Sirius wie ein Berserker durchs
Haus fetzt. Natürlich können, dürfen, müssen kleine Hunde wild sein.
Aber *so* wild?

Achtung, Attacke!
»Guckt mal!« Noah ist plötzlich hellwach, fuchtelt erst aufgeregt mit den
Händen und deutet dann Richtung Flur. »Der Sirius ist volle Kanne gegen
den Türrahmen geknallt! Tut ihm das nicht weh?«
Offenbar nicht. Unser zartes Hundebaby muss einen Schädel aus Granit
oder Stahl haben: Wo sich unsereins eine kräftige Gehirnerschütterung
eingehandelt hätte, hält Sirius nicht einmal inne.
»Achtung, er kommt wieder!«, kreischt unser Kind und gluckst vor Vergnügen, denn so viel Action gab es bei uns abends noch nie.
Das Lachen bleibt ihm jedoch im Halse stecken, als Sirius zum Sprung
ansetzt und sich knurrend in Noahs Knie verbeißt.
»Auaaaaa«, quiekt Noah, und »Pfui! Aus! Sirius!«, donnert mein Mann,
während ich erschrocken aufspringe und den kleinen Kampf-Border mit
einem Ruck von meinem Sohn wegreiße.

Sirius windet sich unter meinem Griff wie ein Aal, und eine Sekunde später ist er mir entwischt, rast wie von der Tarantel gestochen durchs Wohnzimmer, fegt das Telefon vom Tisch und verschwindet im Flur.

Wir hören, wie er in der Küche seinen Trinknapf umkippt. Klirr! Noah fängt an zu weinen.»Der Sirius hat mir ein Loch in die Hose gebissen. Aber das ist doch mein Lieblingspyjama!«

Ich nehme meinen Sohn tröstend in den Arm. Oder tröste ich eher mich selbst? Eigentlich sollte Sirius nämlich jetzt zu unseren Füßen liegen, schlafend und träumend nach einem glücklichen, ausgefüllten Tag. So hatten wir uns das vorgestellt, mein Mann, mein Sohn und ich. Tja.

»Tagsüber ist der Sirius immer total lieb«, schluchzt Noah.»Aber wenn er sich abends so benimmt, mag ich ihn überhaupt nicht mehr!«

Ich sage nicht, dass auch ich unseren Traumhund gerade am liebsten bei eBay versteigern würde. Denn natürlich möchte ich das nicht *wirklich!*

Aber ich gebe zu, als Sirius erneut herangaloppiert, fühle ich eine gewisse Müdigkeit in mir aufsteigen. Tim steht rasch auf und stellt sich schützend vor unseren Sohn. Der robbt in seiner zerrissenen Schlafanzughose ängstlich auf dem Sofa zurück, während Sirius erneut zum Sprung ansetzt.

Stille nach dem Wirbelsturm

»Beweg dich auf ihn zu, wenn er dich anspringen will«, rufe ich meinem Mann zu,»theoretisch müsste Sirius dann …«

Aber ich verschlucke das Satzende, denn Sirius überlegt es sich im letzten Augenblick anders, dreht abrupt ab und rast zu seinem Körbchen.

Und dann … lässt er sich zur Seite fallen und schläft! Einfach so! Als hätte jemand den Welpenstecker gezogen. Mein Mann reibt sich die Stirn.

Noah zupft nervös am Loch in seiner Pyjamahose herum. Ich selbst fühle mich, als hätten wir gerade nur mit knapper Not einen Hurrikan überlebt.

»Der spinnt doch, oder?«, murmelt Tim erschöpft.

»Aber guckt mal, wie friedlich er jetzt daliegt!«, flüstert Noah und fügt versöhnlich hinzu:»Eigentlich ist mir der Pyjama eh längst zu klein.«

Stumm betrachten wir unseren Welpen, dessen schmale Brust sich in schneller, aber gleichmäßiger Folge hebt und senkt. Der Spuk ist vorbei, und Sirius ist wieder der süßeste Hund von allen.

Morgen früh wird er vertrauensvoll meine Hand ablecken. Er wird sich brav von Noah streicheln lassen, wird tausendundeine Socke klauen und ansonsten den ganzen Tag eifrig bemüht sein, alles richtig zu machen. Bis morgen Abend. Denn dann verwandelt sich der gutherzige Dr. Sirius Jekyll wieder in die Hundeversion von Mr. Hyde. ▰

ANDRÉS EXPERTENRAT FÜR SCHOCKIERTE
FAMILIEN UND WILDE WELPEN

Ich liebe ja solche Geschichten – und glauben Sie mir, ich höre sie nahezu jeden Tag! Fast alle Welpen zeigen anfangs genau dieses verrückte Verhalten. Und fast alle Menschen fragen sich dann verwundert: »Was ist bloß in diesen Hund gefahren?«
Wir sehen uns zunächst an, was der Welpe eigentlich macht, wenn er so »durchdreht«. Danach zeige ich Ihnen, wie man mit solchen Situationen am besten umgeht.

ENERGIE IM ÜBERFLUSS

Das Verhalten, das der Welpe in diesen Momenten zeigt, ist eine sogenannte Übersprunghandlung. Vereinfacht erklärt kann man sich das wie überschüssige Energie vorstellen, die sich auf diese Weise abrupt entlädt. Bestimmt haben Sie draußen auf der Hundewiese schon einmal einen Vierbeiner beobachtet, der gerade erst angekommen ist und plötzlich wie besessen – meist von Bellen begleitet – in rasanten Runden über den Platz schießt. Das ist eine klassische Übersprunghandlung!

Wenn's zu bunt wird – aktiv werden!

Im Freien muss man in diesen Momenten gar nichts tun. Man ignoriert den Hund einfach, und in wenigen Minuten ist der Spuk vorbei. Was aber tun, wenn der Welpe zu Hause in der Wohnung aufdreht?

Wenn es die Umstände erlauben, ist auch hier Ignorieren eine sehr gute Option, um das Verhalten rasch abzubauen. Verhält sich der Welpe allerdings destruktiv, beschädigt er also Möbel oder attackiert sogar seine Menschen, sollte man dringend aktiv werden. Dabei haben sich zwei Techniken bewährt:

1. Wer einen eingezäunten Garten hat, kann diesen perfekt als »Blitzableiter« nutzen: Man öffnet einfach die Haus- oder Terrassentür und lässt den wilden Welpen hinausflitzen. Im Freilauf kann der Hund überschüssige Energie loswerden und ist im Idealfall nach wenigen Minuten wieder ausgeglichen.

2. Hat man keinen Garten, kann man alternativ für einige Minuten mit dem Hund Gassi gehen – je nach Umgebung an der Führ- oder an einer längeren Schleppleine.

Fitnesstraining für die Hundenase

Keine dieser Lösungen hilft? Wer den Eindruck hat, dass der Welpe immer noch aufgedreht ist und nicht zur Ruhe kommt, kann ihn auch mit einer spannenden »Such-Aufgabe« herausfordern. Mit der Nase zu arbeiten, ist für Hunde sehr anspruchsvoll und auslastend. Für die Suche können Sie beispielsweise einen Schnüffelteppich (→ Seite 202) verwenden. Falls Sie dieses Hundespielzeug noch nicht kennen: Klicken Sie doch einfach mal bei YouTube rein. Dort gibt es etliche Videos mit praktischen Beispielen.

Mein Fazit: Übersprunghandlungen sind in der Welpenzeit ganz normal. Meist werden sie schon nach einigen Wochen immer seltener. Und mit den oben beschriebenen Techniken bekommt man dieses Verhalten im Normalfall auch gut in den Griff.

05

BINDUNG IST EIN ZARTES PFLÄNZCHEN

Wir lieben unseren Welpen, keine Frage. Und ich bin mir ziemlich sicher, dass Sirius uns ebenfalls sehr gernhat.

Allerdings: Während mein Mann, Noah und ich den Kleinen für den knuffigsten Welpen aller Zeiten halten, dehnt Sirius seine Zuneigung auf die ganze Welt aus. Dem Postboten saust er begeistert entgegen, sobald er ihn am Gartenzaun erblickt. Unserer betagten Nachbarin leckt er ausdauernd das Gesicht ab. Noahs Freunde aus dem Kindergarten begrüßt er mit aufgeregt wedelndem Schwänzchen, um den Jungs dann nicht mehr von der Seite zu weichen. Und auf dem Arm meiner Freundin schläft Sirius nach wenigen Sekunden vertrauensvoll ein.

Sirius' Liebe zu uns ist also keineswegs exklusiv, und das ist okay. Eigentlich. Aber an Tagen wie heute – wo ich schlecht geschlafen habe, mich Kopfschmerzen plagen und ich mir als erste Tat des Tages meinen Kaffee über die Jeans schütte –, wurmt es mich schon ein bisschen.

Eine Wiese so spannend wie ein Urwald: In Sirius' Alter sind alle Hunde Entdecker.

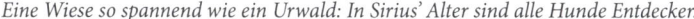

Ich meine, natürlich ist es schön, dass unser Welpe so menschenfreund-
lich ist! Aber muss er wirklich *jedem* Passanten in der Fußgängerzone ent-
gegenstürmen, als sei genau dieser Fremde sein lange verschollenes Herrchen? Ich bin sicher, wenn ich jenem Fremden Sirius' Leine in die Hand

drücken würde – mein Welpe
würde ihm ohne zu zögern
nach Hause folgen! Wahr-
scheinlich würde er sich noch
nicht einmal nach seinem
Frauchen umdrehen.
Und ja, dieser Gedanke tut
weh! Sirius ist noch nicht
sehr lange bei uns, aber wir
kümmern uns Tag und Nacht
um ihn. Ich bin rund um die
Uhr mit ihm zusammen, ich
wische sein Pipi weg und
gehe täglich gefühlte hundert
Mal mit ihm nach draußen.

Kuscheln tut gut und fördert die Bindung.

Sollte er da nicht irgendwie
spüren, dass er jetzt zu uns gehört – und nicht zu völlig fremden Leuten
in der Fußgängerzone?! Verdammt. Ich bin tatsächlich verletzt.

EIN TEAM MIT SECHS BEINEN

Aber da ich eine erwachsene Frau bin – wenn auch eine mit Kopfschmer-
zen, Augenringen und einem Kaffeefleck auf der Jeans –, schiebe ich das
leise Gefühl der Enttäuschung mit der Kraft meines Verstandes beiseite.
Bindung entsteht nicht von heute auf morgen, Bindung will erarbeitet
werden. Also Ärmel aufgekrempelt und losgelegt!
Ich nehme Sirius auf den Schoß, kraule sein Bäuchlein und überlege mir
hochmotiviert verschiedene Strategien.
Leider scheinen sie alle einen Haken zu haben.
So könnte ich zum Beispiel mit dem intensiven Üben von Sitz-Platz-
Komm eine Bindung über den Gehorsam aufbauen. Aber wäre das dann

jene liebevolle Beziehung, die mir vorschwebt, oder nicht doch bloß ein sehr zweckmäßiges Lehrer-Schüler-Verhältnis? Außerdem wollten wir uns mit diesem Training noch Zeit lassen. Denn wir haben ja begriffen, dass wir Sirius anfangs überfordert haben, und möchten diesen Fehler nicht wiederholen. Schließlich ist Sirius erst knapp zehn Wochen alt, und sein Gehirn scheint im Moment noch völlig damit ausgelastet zu sein, sich in der großen Welt (also in unserer kleinen Stadt) zurechtzufinden.

Alle lieben Sirius – umgekehrt aber auch!
Okay, nächste Idee: Wie wäre es mit besonders viel Spiel und Spaß? Dagegen ist auf den ersten Blick nichts einzuwenden.

Aber Sirius spielt so ziemlich mit jedem, der auch nur das geringste Interesse daran bekundet. Spiel und Spaß sind also beileibe kein einzigartiges Vergnügen, das nur wir ihm bieten können.

Hm. Sollten wir dann vielleicht *noch* häufiger mit unserem Welpen schmusen und kuscheln? Von mir aus gerne … doch ich schätze, irgendwann würde es Sirius schlichtweg zu viel! Denn auch beschmust und bekuschelt wird er ja nicht nur von uns, sondern von praktisch allen Menschen, denen wir begegnen. Was ich, nebenbei erwähnt, manchmal ganz schön übergriffig finde. Vor allem, wenn auf das Kopftätscheln noch schnell ein Keks folgt. Ohne dass ich vorher gefragt würde, versteht sich.

Was also bleibt? Was können wir unserem Hundekind bieten, damit es begreift, dass *wir* seine Familie sind?

Oder begreift Sirius das irgendwann von ganz allein?

Möglicherweise habe ich einfach falsche Erwartungen. Geweckt von den vielen rührseligen Geschichten, auf die wohl jeder Hundehalter schon gestoßen ist. Sie erzählen von Hund-Mensch-Teams, die vom ersten Augenblick an unzertrennlich waren. Oder von süßen Welpen, die sich ihren Besitzer selbst aussuchen, indem sie zielstrebig ihm – und nur ihm – in die Arme laufen. Tja, und dann gibt es natürlich noch jene sagenumwobenen Fellnasen, die so hingebungsvoll treu sind, dass sie lieber selbst den Hungertod sterben würden, als vom Grabstein ihres verstorbenen Zweibeiners zu weichen … was natürlich nicht wünschenswert ist, aber doch irgendwie ergreifend. Das ist Freundschaft! Das ist Liebe!

Ich wische mir eine Träne aus dem Augenwinkel. Du lieber Himmel, bin ich heute sentimental! Und weil mich das langsam selbst nervt, sage ich mir streng, dass das mit dem Grab, so Gott will, bei mir ja noch ein bisschen Zeit hat – und dass ich, anstatt mir alberne Gedanken zu machen, diese Zeit mal lieber nutzen sollte.

Ich könnte beispielsweise recherchieren, ob es normal ist, dass ein Welpe anfangs jeden liebt? Oder ab welcher Lebenswoche eine echte Bindung zwischen Mensch und Welpen überhaupt entstehen kann? Und wie sich das zarte Band dann bestmöglich stärken lässt?

Denn dass es sich stärken lässt, davon bin ich überzeugt! Ich muss nur noch herausfinden, wie. ⊷

ANDRÉS EXPERTENRAT ZUM THEMA BINDUNG UND SOZIALISATION

Extrem innige Beziehungen zwischen Mensch und Hund, von denen auch Franziska in unserer Geschichte gehört hat, gibt es wirklich! Wenn alles gut läuft, bauen Hunde eine intensive Bindung zu ihren Menschen auf. Die kann sich dann zu einer unerschütterlichen Freundschaft verfestigen, und es kommt zu rührenden Begebenheiten, die man staunend und gerne weitererzählt.

Wann und wie entsteht nun aber so eine tolle, erstrebenswerte Bindung zwischen Mensch und Hund? Wir starten das Kapitel, indem wir uns Sirius' Verhalten – er befindet sich gerade in seiner zehnten Lebenswoche – genauer ansehen.

JETZT LIEGT WELPEN DIE WELT ZU PFOTEN

Sirius ist mitten in der Sozialisationsphase. Sie beginnt etwa ab der vierten und endet meist um die 16. Lebenswoche. In dieser Phase haben Welpen wenig bis keine Scheu gegenüber Außenreizen und erforschen neugierig und mutig ihre Umwelt. Eine ausgeprägte

Bindung zu einem ganz bestimmten Menschen können Hunde – so die Erkenntnis des Zoologen, Verhaltensbiologen und Hundeforschers Udo Gansloßer – erst ab der 14. Lebenswoche, also zum Ende ihrer Sozialisationsphase, aufbauen. Somit muss sich Franziska im Moment noch keine Sorgen machen, denn der kleine Sirius verhält sich seinem Alter entsprechend normal.

Das starke, unsichtbare Band

Wenn wir unserem Welpen die nötige Sicherheit geben und ihm dabei helfen, seine Bedürfnisse zu erfüllen, entsteht die gewünschte Bindung nach der Sozialisationsphase fast schon automatisch. Je mehr wir mit unserem Hund interagieren und je mehr Zeit wir mit ihm verbringen, desto besser entwickelt und verfestigt sie sich. Dennoch gibt es ein paar Dinge, die Sie berücksichtigen sollten:

→ Wenn sich Ihr Hund nur an Außenreizen berauscht und mit Ihnen gar keinen Spaß hat, wird sich das unsichtbare Band zwischen Ihnen nur sehr schwach ausprägen.

→ Achten Sie deshalb darauf, dass Sie Ihrem Hund mindestens genauso viele positive Reize anbieten, wie die Welt um ihn herum für ihn bereithält.

→ Im Alltag setzt man das so um: Sie spielen und trainieren regelmäßig mit Ihrem Hund und schenken ihm, etwa durch Streicheln oder Kontaktliegen, auch körperliche Nähe.

Mit dieser Herangehensweise wird sich zwischen Ihnen und Ihrem Hund eine starke Bindung aufbauen. Und, wer weiß: Vielleicht erzählt man sich ja eines Tages wunderbare Geschichten über Sie!

Räumliche Bindung – lernen von den Wölfen?

Generell stelle ich in meinen Kursen und Erklärungen selten Bezüge zu Wölfen her. Die Unterschiede zwischen Wildtier und Hund, der ja vom Menschen domestiziert wurde und sich so über Jahrtausende hinweg zum Haustier entwickelt hat, sind einfach zu groß.

Der direkte Vergleich zwischen Wolf und Hund hinkt daher meistens gewaltig, in diesem Fall ist er jedoch angebracht.

Im Wolfsrudel läuft das nämlich so: Die Elterntiere wechseln mit ihren Welpen in den ersten Lebensmonaten immer nur zwischen Wurf- und Rendezvousplatz. Letzterer ist in der Regel eine überschaubare Lichtung unweit des Wurfplatzes, wo die Welpen herumtollen und ihre Umgebung erkunden können. Die Eltern haben dort einen guten Überblick und sorgen für Sicherheit. Gleichzeitig kann ihr Nachwuchs ungestört eine räumliche Bindung aufbauen.

Sozialisation – ein dickes Fell für Ihren Hund

Dieses Wissen können wir uns zunutze machen, indem wir in den ersten Wochen immer die gleiche Gassirunde drehen und dabei eine sichere Grünfläche ansteuern. So machen es auch die Wölfe, und so entwickelt auch unser Welpe eine räumliche Bindung und kann seine Umgebung geschützt in aller Ruhe kennenlernen.

Da wir mit unseren Welpen aber nicht im Wald leben, sondern in einer modernen, oft urbanen Welt, ist es natürlich ebenso wichtig, den Hund möglichst früh mit der Zivilisation vertraut zu machen. Diese Gewöhnung an neue Reize bauen Sie am besten in kleinen

An diesem Strand drehen Wolke und ich am liebsten unsere Abendrunde.

Etappen bis zur 16. Lebenswoche auf. Alles, was Hundekinder bis dahin positiv oder neutral erleben und kennenlernen, bereitet ihnen im Normalfall später keine Probleme.

ANDRÉS EXTRATIPP

Auf der Webseite meiner Hundeschule habe ich für Sie eine Checkliste zum Download bereitgestellt: In der Aufstellung finden Sie Dinge und Situationen, die Sie nach und nach einüben können, um Ihren Welpen ideal zu sozialisieren. Übrigens: In diesem Online-Bereich nur für Leser gibt es noch mehr Extramaterial. Wie Sie sich einloggen, erfahren Sie auf Seite 237.

Wie geht man dabei am besten vor? Wir nutzen zwar in den ersten Wochen täglich die gleichen Wege und unseren »Rendezvousplatz«, um die räumliche Bindung zu fördern. Aber wir wählen zusätzlich – und auch das Tag für Tag – etwas ganz Neues zum Kennenlernen aus. So gewöhnen wir unseren Welpen Schritt für Schritt an unser Umfeld und unseren (heute oft ja so hektischen) Alltag. Wir planen beispielsweise einen Stadtbesuch. Hier wird unser Welpe mit vielen unterschiedlichen Reizen konfrontiert.

Langsam und behutsam zum Ziel

Achten Sie aber bitte darauf, dass Ihr Hund anfangs nicht von zu vielen Eindrücken überflutet und überfordert wird – ein Bahnhof ist also nicht der beste Ausgangspunkt für den allerersten Stadtbummel. Steigern können Sie sich an einem der folgenden Tage. Dann ist z. B. eine etwas belebtere Straße oder der Besuch auf einem Bauernhof denkbar. Beim nächsten Termin kann man das Bus- und Bahnfahren üben. Nehmen Sie sich Zeit für die Sozialisierung Ihres neuen Vierbeiners und gewöhnen Sie ihn langsam und behutsam an verschiedene Außenreize. Dann machen Sie alles richtig und werden davon auch ein Hundeleben lang profitieren!

06

BRUSTGESCHIRR UND GASSI-ABENTEUER

Es gibt Regeln, die sind so simpel, dass sie nicht nur ein schlauer Border Collie verstehen kann, sondern sogar seine menschliche Familie.

Eine jener einprägsamen Regeln lautet: »Gehen Sie mit Ihrem Welpen auf keinen Fall länger spazieren als eine Minute pro Lebenswoche!« Dies vergegenwärtige ich mir, während ich unserem nun zehnwöchigen Welpen sein schickes, knallrotes Brustgeschirr anziehe.

SIRIUS, WIR MÜSSEN MAL REDEN

Oder besser, anziehen will. Denn Sirius scheint andere Pläne für den Morgen zu haben: Statt sich schwanzwedelnd auf den bevorstehenden Ausflug zu freuen, beißt er erst mal in sein Geschirr und dann herzhaft in meine Hand. Ich zucke zurück – herrje, diese Welpenzähne sind spitz wie Nadeln! –, und der süßeste Hund von allen wirft sich knurrend auf seine Beute, um sie zu packen und pflichtbewusst totzuschütteln.

»Nein, Sirius!«, sage ich streng.

Ohne Wirkung. Denn das Geschirr scheint noch zu leben, weshalb unser Welpe unmöglich innehalten kann.

Ich bin verstimmt. *Eigentlich* hatte ich Sirius nämlich bereits an sein Brustgeschirr gewöhnt, und *eigentlich* müsste das Anziehen nun völlig problemlos verlaufen. Tja.

»Sirius, wir brauchen das Ding doch noch!«, versuche ich es im Guten.

»Schon bald wirst du unsere Gassigänge lieben, glaub mir. Dann bist du froh, wenn du kein Halsband tragen musst, das beim kleinsten Ruck deine Wirbelsäule staucht, sondern ein Geschirr, das ergonomisch …«

Abrupt breche ich ab und greife mir an die Stirn. Diskutiere ich etwa gerade allen Ernstes mit einem Hund?! Dieses ganze Gerede über die Intelligenz von Border Collies hat mir offenbar das Hirn vernebelt.

»Gar kein Wind heute? Dann mach ich das eben mit dem Laubaufwirbeln selbst!«

Ich verdrehe über mich selbst die Augen, und dann verlege ich mich auf die gute, alte Methode der Bestechung.

Fünfzehn Leckerli später trägt Sirius brav und ohne zu murren sein rotes Geschirr. Na also, geht doch! Schweißgebadet, aber voller Optimismus verlasse ich mit meinem Welpen das Haus.

Sünde oder super Ausflug?

Was soll ich sagen: Ich werde aufs Schönste für den holprigen Start unseres Ausflugs entschädigt. Sirius und ich erleben den wunderbarsten Spaziergang, den man sich nur vorstellen kann!

Die Luft ist klirrend kalt, doch vom milchblauen Winterhimmel strahlt die Sonne. Glücklich blinzelnd beobachte ich meinen Welpen, wie er aufgeregt die Sackgasse entlangwuselt, wie er im nahen Park über die Wiese tollt, die kahlen Büsche beschnüffelt und später mit einer Walnuss balgt, als sei diese das großartigste Spielzeug der Welt.

Das verrückte, alberne Glück meines kleinen Hundes schwappt auf mich über und lässt mich dauergrinsen, für selige dreißig Minuten.

Denn so lange sind wir beide unterwegs.

Was mir aber erst auffällt, als Sirius und ich wieder zu Hause sind und mein Blick auf die Küchenuhr fällt. Dreißig Minuten... statt *zehn!*

Was habe ich mir nur dabei gedacht?!

Meine Gedanken fahren Karussell. Habe ich dem armen Sirius schon wieder zu viel zugemutet, habe ich ihn überfordert? Habe ich seinem zarten, im Wachstum befindlichen Körper geschadet, seinen Sehnen, den Knochen, dem Bewegungsapparat?

Mein schlechtes Gewissen fängt an, mich heftig zu zwicken. Und während der süßeste Hund von allen sich auf seiner Decke zusammenrollt, setze ich mich vor den Computer und logge mich im Hundeforum ein.

Großer Fehler! Denn während ich lese, gelange ich zu der Erkenntnis, dass die böse Franziska heute alles, aber auch alles, falsch gemacht hat: Ich habe auf den Hund eingeredet, statt über Körpersprache mit ihm zu kommunizieren. (Sünde!)

Ich habe den Hund mit Leckerli gefügig gemacht, statt ihn mit meiner natürlichen Autorität zu lenken. (Sünde!)

Und ich bin, aber das weiß ich ja bereits, viel zu lange mit meinem armen Hundebaby spazieren gegangen! (Todsünde!!!)

Dreihundertzwanzig Meter und ein Keks

Je länger ich im Internet surfe, desto elender fühle ich mich. Mein reuiger Blick huscht hinüber zu Sirius, der friedlich auf seiner Decke schlummert.

Friedlich – oder doch eher zu Tode erschöpft?

Ich schlucke, schließe das Forum und öffne GoogleMaps.

Es mag masochistisch anmuten, aber ich *muss* wissen, wie viel Strecke ich dem armen kleinen Geschöpf da eben zugemutet habe.

Dreihundertzwanzig Meter!

Hm.

Dreihundertzwanzig Meter?

Mein Herzschlag wird langsamer, mein Puls beruhigt sich.

Auch aus meinem Körper weicht die Spannung, und ich lehne mich auf meinem Bürostuhl zurück. Tut mir leid, ihr lieben Forumsmitglieder, aber lumpige dreihundertzwanzig Meter kann ich beim besten Willen nicht zu viel finden! Nicht einmal für einen zehn Wochen alten Welpen.

Sirius' Pfötchen zucken im Schlaf, und nachdenklich gehe ich in die Küche, um mir einen Kaffee zu kochen. Warum, grübele ich, schießen sich Menschen, die sich ansonsten wirklich gut mit Hunden auskennen, so einträchtig auf diese seltsame Regel ein?

Ich greife nach den kleinen italienischen Keksen, die ich mir gern mal zum Kaffee gönne. Und plötzlich muss ich grinsen.

Ein Keks pro Lebensjahr: *Das* wäre mal eine sinnvolle Regel!

An die würde ich mich vielleicht sogar halten. 🦴

ANDRÉS EXPERTENRAT RUND UM
DIE ERSTEN SPAZIERGÄNGE

Ganz klar: An die Keksregel würde ich mich ebenfalls halten! Ich würde aber auch die von Franziska zitierte Gassiregel nicht in Bausch und Bogen verdammen. Fünf Minuten Gassi pro Lebensmonat (oder eine Minute pro Lebenswoche) sind über den Daumen gepeilt ein guter Richtwert. Sieht man sich jedoch die unterschiedlichen Rassen und ihre Bedürfnisse genauer an, erkennt man schnell, dass der Wert eben nur als grober Anhaltspunkt dient.

CHARAKTER UND BEWEGUNGSDRANG

Wie lange ein Spaziergang sein darf, damit er für das Hundebaby optimal ist, hängt immer vom einzelnen Welpen und der Bewegungsfreude des Hundes ab: Welpen aktiver Rassen, wie etwa Border Collies oder Boxer, zeigen in der Regel deutlich mehr Bewegungsdrang als eher gemütliche Rassen wie z. B. Englische Bulldoggen, Französische Bulldoggen oder auch Möpse.

Hinzu kommen individuelle Charaktereigenschaften des Welpen sowie seine bisherigen Lernerfahrungen: Fetzt der Hund sofort los, wenn es nach draußen geht – und ist er auch nach zehn Minuten noch nicht müde? Oder traut er sich kaum vor die Tür?

Welpen sind keine Marathonläufer – beim Gassigehen muss man sie noch schonen.

Franziskas Gassiregel kann somit vor allem dabei helfen, Welpeneltern zu sensibilisieren und sie daran zu erinnern, beim Spazierengehen nicht über die Stränge zu schlagen.

So macht Gassigehen Spaß

Viele Hundebesitzer freuen sich nämlich so sehr über ihren neuen Zuwachs, dass sie gleich fürs erste Wochenende eine gemeinsame, zweistündige Bergtour planen – und genau davon soll sie die Gassiregel abhalten! Aber was ist nun das goldene Maß für die ersten Spaziergänge mit Welpen? Hier ein paar Regeln und Tipps:

★ Hat der Welpe Spaß und zeigt keine Ermüdungserscheinungen, sind ein paar Minuten mehr, als es die Gassiregel eigentlich erlauben würde, gar kein Problem. Bewegung und neue Lernerfahrungen sind enorm wichtig für den kleinen Hund und fördern seine körperliche und mentale Entwicklung.

★ Fühlt sich der Welpe jedoch sichtlich unwohl, wirkt er von der Fülle neuer Sinneseindrücke überfordert, sollte man die Zeiten reduzieren und ihn an möglichst reizarmen Orten ausführen. Verlassen Sie sich hier einfach auf Ihr Bauchgefühl und achten Sie darauf, wie der Hund auf Ihr Angebot reagiert.

★ Häufig setzen sich Welpen beim Gassigehen hin, wenn zu viele Sinneseindrücke gleichzeitig auf sie einprasseln. Darauf sollten Sie eingehen! Sind Sie also gerade erst losgegangen und Ihr Hund setzt sich hin: Geben Sie ihm einfach einen Moment Zeit, damit er sich an die neue Umgebung gewöhnen kann.

★ Sie sind bereits eine ganze Weile am Stück gelaufen – und erst dann setzt sich Ihr Welpe hin? Mit hoher Wahrscheinlichkeit ist er körperlich müde und benötigt eine Pause. In diesem Fall ist es am besten, wenn Sie den Spaziergang zeitnah beenden.

Brustgeschirr oder Halsband?

Zunächst einmal Daumen hoch für die Familie aus unserer Geschichte, denn sie hat sich nicht für ein Halsband, sondern für ein Brustgeschirr entschieden. Noch dazu in einer tollen Farbe! Was man beim Anlegen und Anpassen beachten muss, erfahren Sie am Ende der Praxisübung auf der nachfolgenden Seite.

Ein Brustgeschirr benutzt man immer dann, wenn eine Hundeleine zum Einsatz kommt. Denn solange ein Hund noch nicht gelernt hat, diszipliniert an lockerer Leine zu laufen, ist so ein Geschirr deutlich schonender für den Hundekörper. Das liegt daran, dass sich

ANDRÉS EXTRATIPP

Franziska hat selbst erkannt, dass es nicht so hilfreich war, auf Sirius einzureden. Oft sprechen Menschen unbedacht mit ihren Vierbeinern. Dabei unterschätzten sie, dass dieser Singsang auf Hunde belohnend wirkt: Während sich Sirius freudig in sein Geschirr verbeißt, referiert Frauchen eifrig und ausführlich über dessen Vorzüge. Somit belohnt sie unbewusst das unerwünschte Verhalten. Auch wenn es schwerfällt: In solchen Fällen ist es besser, nicht mit dem Welpen zu sprechen. Erst wenn wir Kommunikation über Training aufgebaut haben, können wir Worte benutzen, um das Verhalten des Hundes zu beeinflussen.

PRAXISÜBUNG → BRUSTGESCHIRR ANLEGEN

Mit dieser Übung erreichen Sie, dass sich Ihr Welpen schnell und positiv an das entspannte Anlegen eines Brustgeschirrs gewöhnt.

Bevor wir beginnen: Machen Sie sich zunächst kurz selbst mit dem Geschirr vertraut: Wo ist vorne, wo hinten? Wo befinden sich welche Gurte und Schnallen, und wie gehen sie auf und zu?

★ Jetzt setzen wir uns, wegen der Wohlfühlatmosphäre, an einem angenehmen Ort auf den Fußboden und haben das Brustgeschirr griffbereit. Ideal für diese Übung ist beispielsweise das Wohnzimmer.

★ Wir motivieren unseren Welpen, zu uns zu kommen – wobei die meisten Hunde von selbst kommen, wenn sie sehen, dass wir uns auf den Boden setzen.

★ Nun beginnen wir mit der Gewöhnung, indem wir den Welpen direkt mit tollem Futter (etwa Leberwurst aus der Tube extra für Hunde) belohnen. Parallel beginnen wir, dem Welpen sachte und geschickt das Brustgeschirr anzulegen.

★ Währenddessen belohnen wir ihn wiederkehrend mit unserer Leberwurstpaste oder einer anderen Leckerei.

★ Fortgeschrittene können für diese Übung auch mit einem Clicker arbeiten; Anfänger dürfen das Training zu Beginn auch zu zweit durchführen.

Wichtig ist, dass Sie bei dieser Übung so lange aktiv mit einer reizvollen Belohnung arbeiten, bis das Anlegen ritualisiert abläuft.
Noch ein Tipp: Ein Brustgeschirr, das gut passt, sollte einen Welpen nicht in seiner Bewegungsfreiheit einschränken. Es darf also weder zu eng noch zu locker sitzen. Das überprüfen Sie schnell mit folgender Faustregel: Nach dem Anlegen sollte der eigene Daumen noch bequem unter dem Rückensteg des Geschirrs sowie unter allen anderen Gurten an Bauch und Brust Platz haben.

die Kräfte, die auf den Hund einwirken, deutlich besser verteilen. Wichtig ist das vor allem, wenn er z. B. impulsiv auf Außenreize reagiert und dann über die Leine abrupt gestoppt wird.

Organe können Schaden nehmen

Bei einem Halsband konzentrieren sich diese Kräfte auf eine deutlich kleinere Fläche zwischen Kopf und Rumpf. Noch dazu setzen sie hier an sehr sensiblen Bereichen Ihres Vierbeiners an, etwa an sehr wichtigen Organen wie Schilddrüse und Kehlkopf. Hat der Hund allerdings gelernt, ohne zu zerren an seiner Leine zu laufen, spricht natürlich nichts gegen ein Halsband. Es ist sogar sinnvoll, dass Sie Ihren Welpen möglichst früh mit beidem – also Brustgeschirr und Halsband – vertraut machen. Denn leider gibt es Verletzungen und Erkrankungen im Rücken- oder Halsbereich, die es Ihrem Hund im Fall der Fälle unmöglich machen, überhaupt ein Brustgeschirr oder eben ein Halsband zu tragen.

Lecker belohnt ist halb gewonnen

Die positive Gewöhnung an praktische bzw. notwendige Hilfsmittel wie Brustgeschirr, ein Mäntelchen für den Winter oder auch einen Maulkorb, der in öffentlichen Verkehrsmitteln in Österreich und Italien übrigens Pflicht ist, baut man in den meisten Fällen rasch und erfolgreich über tolles Futter und Belohnungen auf.

Hier kann ich Franziska also beruhigen und muss den Nutzern ihres Hundeforums widersprechen: Meiner Meinung und Erfahrung nach ist es sogar sehr hilfreich, beim Training mit Leckerli zu arbeiten. Denn so erreichen wir, dass unser Welpe neue Gegenstände von Anfang an positiv verknüpft. Konkret bedeutet das: Der Hund wird sein Brustgeschirr nicht nur brav anziehen, sondern es schon bald mit dem allergrößten Vergnügen tragen!

JUNG & WILD!

»Keks- oder Gassiregel?
Ich habe eine Vermutung,
für was sich dieser Racker
entscheiden würde.«

A. Henkelmann

07

TOHUWABOHU IM HUNDE-KINDERGARTEN

Hurra, Sirius kommt in den Kindergarten!

Also, natürlich nicht wirklich. Aber ich habe ihn jetzt in einer Welpen-spielgruppe angemeldet. Und deshalb fahre ich heute, nachdem ich Noah zur Tagesstätte gebracht habe, direkt weiter zum Hundeplatz.

Ich bin ein wenig nervös. Wird die Gruppe unserem Welpen gefallen, oder wird sie ihn eher überfordern? Meine klugen Bücher geben hierzu nämlich gänzlich unterschiedlichen Rat. Das Border-Collie-Handbuch hält Welpenspielgruppen für eine unheilvolle Erfindung des Teufels: viel zu viele Reize, viel zu aufputschend! Und viel zu groß die Gefahr, dass der kleine Border gemobbt wird, sodass er – dank seines allzu guten Gedächt-nisses – zeitlebens ein Problem mit anderen Hunden haben wird.

Das klingt *übel*.

PÄDAGOGISCH NICHT SO WERTVOLL

Mein anderer Ratgeber allerdings vertritt vehement die entgegengesetzte Position: Ohne Welpenspielgruppe, ist dort zu lesen, könne aus einem Welpen unmöglich ein anständiger Hund werden! Was Hänschen nicht lerne, das lerne Hans nimmermehr; und nur im kontrollierten Sozialspiel mit vielen unterschiedlichen Hundekindern könne der Welpe einüben, was er später einmal für gesittete Hundebegegnungen brauche.

Das leuchtet mir ein!

Und so habe ich zwar eine Weile gezögert, dann aber doch zum Telefon gegriffen und die Leiterin der örtlichen Welpenspielgruppe angerufen. »Wie viele Hunde sind denn da so in Ihrer Gruppe? Nicht mehr als sechs, oder?«, erkundigte ich mich, denn dass so eine Gruppe keinesfalls größer sein soll, hatte ich in meinem Online-Forum gelesen. Zumindest in die-sem Punkt waren sich ausnahmsweise mal alle einig!

»Nein, nein, keine Sorge«, bekam ich zur Antwort. »Dann trage ich Sie mal für Donnerstag ein. Impfpass nicht vergessen!«

Und so halte ich nun, ausgerüstet mit Spielzeug, Leckerchen und Impfpass, auf dem Parkplatz des Hundevereins. Ich bin gespannt, was uns in der nächsten Stunde erwartet, und auch Sirius scheint zu spüren, dass etwas Großes bevorsteht. Riecht er vielleicht schon die anderen Hunde? Jedenfalls sitzt er – mit gespitzten Ohren und zuckendem Näschen – mucksmäuschenstill auf der Rückbank.

Doch wenige Minuten später war's das dann auch mit der Stille. Wir sind nämlich keineswegs nur zu sechst. Neun Welpen (»Na ja, sechs ohne Ihren und ohne die anderen beiden Interessenten!«) plus fünfzehn Menschen (»Oma wollte unbedingt mit, sie liebt Hundebabys doch über alles!«) tummeln sich auf dem kleinen, vom Rest des Platzes abgetrennten Bereich, der als Spielwiese dient. Da drängen wir uns also zusammen, fünfzehn Männer und Frauen, um die eine Horde Welpen wuselt, und ausnahmslos jeder Hund ist völlig außer Rand und Band.

»Erst lassen wir die Kleinen schön gemeinsam spielen«, erläutert die Leiterin uns drei Neuzugängen beflissen das ausgeklügelte Konzept der Stunde, »und danach machen wir dann ein paar Übungen.«

Ich muss gestehen, unter »schön spielen« stelle ich mir etwas anderes vor als dieses Tohuwabohu!

Sirius außer Rand und Band

Leider treibt es ausgerechnet Sirius am buntesten: Unser Goldstück, mit dem wir zu Hause so gewissenhaft Ruheübungen machen, flippt in dieser Runde vollkommen aus. Mehr noch, er wird zum Mobber! Rast er doch mit Feuereifer einem schüchternen Labrador-Mädchen hinterher, das an der spielerischen Hetzjagd scheinbar gar keinen Gefallen findet.

Ich schäme mich und möchte eingreifen. Doch die Leiterin hebt energisch die Hand – ich solle mich da raushalten. In einem unbeobachteten Moment versuche ich es trotzdem, aber Sirius ist blind und taub geworden für alles, was ich von ihm will. Ich gebe auf, und mit zunehmendem Unbehagen beobachte ich das wilde Treiben, bis die Leiterin in die Hände klatscht und uns alle auffordert, unsere Hunde zu uns zu rufen.

Witzig! Als ob auch nur *einer* von denen jetzt gehorchen würde … Doch zu meinem Erstaunen gibt es tatsächlich ein paar Welpen, die artig folgen und sich von Frauchen und Herrchen zurückpfeifen lassen.

Sirius gehört nicht dazu. Er spielt frech weiter, und erst als kein anderer Hund mehr frei herumläuft, lässt er sich einfangen und anleinen.

Methoden aus der Mottenkiste

Ich bin peinlich berührt, und mein Kopf wird rot wie eine Tomate. »Im Garten klappt das mit dem Rückruf eigentlich schon ganz gut.«

Ich ernte einen mitleidigen Blick von der Leiterin. »Tatsächlich? Nun, wir werden Ihrem Hund schon Benehmen beibringen! Kommen Sie, Sie dürfen gleich unsere erste Übung vormachen.«

Na toll. Los geht's in die nächste Runde der öffentlichen Demütigung! Denn die Übung besteht darin, in Schlangenlinien um die anderen Welpen herumzulaufen, wobei Sirius brav bei Fuß gehen soll.

»Ähm … bei Fuß?«, hake ich nach. »Das kann er noch nicht. Er ist doch erst elf Wochen alt?«

»Bei Fuß kann er gar nicht früh genug lernen«, korrigiert mich die Leiterin forsch. »Rucken Sie scharf an der Leine, wenn er nicht spurt!«

Keiner der anderen Teilnehmer zuckt bei diesem Ratschlag, den ich eigentlich in der Mottenkiste der Hundeerziehung wähnte, zusammen.

»Stopp, nicht weglaufen! Ich will doch nur ein bisschen spielen!«

Nur die beiden Neuen schauen ebenso bedröppelt und ungläubig drein wie ich. Beim nächsten Mal, fährt es mir durch den Kopf, werden es in dieser Gruppe wohl wieder nur sechs Welpen sein.

Ich bin heilfroh, als ich endlich die Haustüre aufschließe und mit meinem Hund wieder heimisches Territorium betrete. So viel also zum Thema Welpenspielgruppen! Der Autor des Border-Collie-Handbuchs hatte schon recht: nichts als sinnlose, ja sogar schädliche Zeitverschwendung. Oder bin ich bloß im falschen Kurs gelandet? Sollte ich einen weiteren Versuch starten, nur eben woanders?

Denn dass Sirius das Spielen an sich unglaublich viel Spaß gemacht hat, lässt sich nicht leugnen. Und ich selbst hätte – eine kompetente Trainerin vorausgesetzt – vielleicht die Chance gehabt, Sirius' Neigung zum Mobben gleich im Ansatz zu stoppen. Denn dass aus ihm ein angenehmer, verträglicher Hundemann wird, ist mir natürlich schon wichtig...

Das bekommen wir auch noch hin

»Weißt du was, Sirius?«, seufze ich, während ich meinen Mantel ausziehe. »Ich glaube, ich brauche einen hundefreien Tag. Ich sollte ins Kino gehen oder ... ach, egal wohin. Hauptsache, ich muss mal nicht auf dich achten! Du achtest ja auch nicht auf mich, sobald du andere Welpen siehst.«

Was mich im Nachhinein doch ziemlich wurmt.

»Aber was träume ich hier. Du kannst ja noch nicht alleine bleiben!«

Denn das Alleinbleiben haben wir bisher noch gar nicht geübt. Wie auch? Wir waren nonstop mit der Eingewöhnung beschäftigt, mit dem gegenseitigen Kennenlernen – damit, einen neuen, gemeinsamen Alltag aufzubauen und zu strukturieren.

Da ich als Freiberuflerin von zu Hause aus arbeite, war das auch problemlos möglich. Bisher habe ich das als Vorteil empfunden; jetzt allerdings frage ich mich, ob uns ein bisschen Druck nicht ganz guttun würde.

Sirius legt den Kopf schief und blickt mich aufmerksam an.

»Wir beide, mein Freund«, sage ich ernst zu meinem Welpen, »haben noch *einiges* zu lernen!«

Sirius hat keinen blassen Schimmer, was ich gerade von ihm möchte, macht aber vorsichtshalber mal »Sitz«.

Da muss ich lächeln und nehme ihn auf den Arm. Es stimmt schon, wir beide müssen noch einiges lernen. Aber nicht jetzt! Jetzt ist Kuschelzeit. Denn mit Sirius zu schmusen, das wird mir in diesem Moment klar, ist mir viel, viel wichtiger, als ins Kino zu gehen.

Und dass es *ihm* viel wichtiger ist, auf mich zu achten statt auf andere Hunde – das bekommen wir auch noch hin!

ANDRÉS EXPERTENRAT ZUM THEMA
WELPENSPIELGRUPPEN

Wenn eine Welpenspielgruppe gut geführt und ihr Programm zudem durchdacht und nach professionellen Maßstäben gestaltet ist, ist sie eine tolle Sache. Dann würde ich mich und mein Hundekind bedenkenlos dort anmelden. Leider gibt es aber nur sehr wenige dieser wirklich empfehlenswerten Angebote.

In den meisten Welpenspielgruppen tummeln sich – so wie es auch Franziska erlebt hat – einfach zu viele Vierbeiner, um die sich dann zu wenige Trainer kümmern. Sehr bedenklich ist auch die Erziehung über Bestrafung bzw. Schmerzreize! Sehen wir uns also an, vorauf es bei einer guten Welpenspielgruppe ankommt, damit Sie sich und Ihrem Hund Frust und negative Erfahrungen ersparen.

TOLLEN UND TRAINIEREN – ABER BITTE MIT NIVEAU!

In vielen Ratgebern wird empfohlen, dass sich ein Trainer um maximal vier bis sechs Welpen kümmern sollte, da er ansonsten den Überblick verliert. Das kann ich aus meinen eigenen Welpenspielgruppen bestätigen: Sechs Welpen, mehr geht einfach nicht!

Ein weiterer Punkt ist, dass einige Hundeschulen oder Hundevereine leider oft Anfänger oder sogar Praktikanten für die Betreuung der Welpengruppen einsetzen. Das ist ein großer Fehler, da die Welpenspielstunde mit zu den anspruchsvollsten Kursen einer

»Das war's, ich bin raus.«

Hundeschule zählt. Denn Welpen in ihrer Interaktion zu regulieren, ohne ihnen dabei zu schaden, ist nicht so einfach: Über- und Unterforderung müssen erkannt und eventuell bestehende Ängste eines Hundebabys richtig und möglichst verlässlich eingeordnet werden.

Zudem sind es die Welpengruppen, in denen Hundehalter üblicherweise die meisten Fragen zu typischen Alltagsproblemen stellen. Diese Fragen sollte ein Trainer lösungsorientiert beantworten können. Und dafür muss man eben nicht nur Bücher gelesen und Kurse besucht, sondern auch schon viel gesehen und erlebt haben. Ein enorm wichtiges Merkmal für gut geführte Welpenspielgruppen ist daher: Die Trainer nehmen ihre Sache ernst und können dabei auf einen reichen Erfahrungsschatz zurückgreifen.

Motivation ist der beste Lehrmeister

Übrigens ist nicht nur die Größe der Gruppe wichtig, sondern auch die Körpergröße der Hunde. Ich halte zwar nichts davon, kleine Welpen nur mit kleinen und große nur mit großen Vierbeinern spielen zu lassen. Dennoch muss man auf die Größe Rücksicht nehmen: Ein mittelgroßer Hund in der 16. Lebenswoche kann einen kleinrassigen, erst neun Wochen alten Hund komplett verängstigen und buchstäblich überrennen. Das sollte man im Blick haben, und ein erfahrener Trainer wird dies auch tun.

Neben dem Spielen stehen in einer Welpenspielgruppe in der Regel auch Trainingsphasen auf dem Programm. Hier ist es besonders wichtig, auf den Erziehungsstil der Hundeschule zu achten: Ist dieser zeitgemäß? Werden die Welpen also ausschließlich mithilfe positiver Verstärkung – über Motivation – ausgebildet?

Trainern, die Welpen gewaltsam mit Bestrafung erziehen wollen (so wie die Dame mit dem Leinenruck aus unserer Geschichte), sollten Sie schnell wieder den Rücken kehren. Wo Strafe anfängt, hört Erziehung auf! Leider machen einige Trainer aus Mangel an Wissen über vernünftige Alternativen heute immer noch von dieser Technik Gebrauch. Und das im 21. Jahrhundert!

Wohlwollende, konstruktive Atmosphäre

Was sich von selbst versteht: Der Umgang zwischen Trainern, Hundehaltern und Hunden sollte in einer Spielgruppe freundlich sein – Kasernenton ist tabu! Und natürlich trifft man sich auf einem sicher eingezäunten Areal, von dem kein Welpe entwischen kann.

ANDRÉS EXTRATIPP

Falls es keine gute Spielgruppe in Ihrer Nähe gibt, ist das kein Beinbruch: In diesem Fall ist es sogar besser, gar keine Welpenspielstunde zu besuchen, denn ein Angebot mit Mängeln würde Ihrem Hundebaby nur schaden. Kümmern Sie sich dann lieber selbst um die gesunde Entwicklung seines Sozialverhaltens. Besuchen Sie also regelmäßig Hundewiesen oder ähnliche Treffpunkte. Hier können Sie Ihren Welpen mit anderen Hunden in Kontakt bringen. Achten Sie dann aber darauf, dass die anwesenden Vierbeiner freundlich und sozial sind.

Wenn Sie eine Hundeschule in Ihrer Nähe finden, die genannte Kriterien erfüllt, können Sie dort bedenkenlos die Welpenspielgruppe besuchen! Der Vorteil: In einer solchen Gruppe kann Ihr Hundekind unter professioneller Aufsicht und Anleitung mit anderen Welpen in Kontakt treten, sein Sozialverhalten weiterentwickeln und erste Übungen zum Kommunikationsaufbau lernen. Zusätzlich können Sie in einer Hundeschule genau die Fragen loswerden und klären, die Sie aktuell mit Ihrem Welpen beschäftigen.

08 VOM BEISSEN, QUIEKEN UND JAMMERN

Als Sirius noch nicht Teil unserer Familie war, haben Noah und ich uns gerne gemeinsam Welpen-Videos auf YouTube angesehen. Statt Shaun, dem Schaf, tapste bei uns Flocke, das Hundebaby, über den Bildschirm. Was haben wir gelacht über ihre drolligen Versuche, das Sofa zu erklimmen! Am witzigsten aber fanden wir das Video, in dem Klein Flocke sich ins Hosenbein ihres Halters verbissen hatte: Der Welpe hing so fest an Herrchens Bein, dass dieser sie scherzhaft in »Piranha« umtaufte.

Heute frage ich mich, wie wir das jemals witzig finden konnten. Denn nun haben auch wir einen beißenden Welpen im Haus – und unserer nimmt leider *nicht* nur mit Hosenbeinen vorlieb.

DENN LECKER SCHMECKT DAS HOSENBEIN

Natürlich beißt Sirius nicht immer. Ehrlich, zeitweise ist er auch ganz friedlich! Aber so manches Mal, wenn ich Zerrspiele mit ihm veranstalte, beißt Sirius eben nicht nur in sein Spieltau, sondern genauso gerne in meine Hand. Möchte ich ihn kämmen, beißt er nicht nur in die Bürste, sondern genauso gerne in meine Hand. Kraule ich sein Bäuchlein, hält er zunächst verzückt still, beißt dann aber … Sie ahnen es schon.

Ich hingegen ahne *überhaupt nicht*, warum der kleine Teufel das tut! Ich meine, natürlich weiß ich, dass Welpen nicht mit angeborener Beißhemmung zur Welt kommen. Aber in meinen schlauen Büchern steht übereinstimmend, dass sie diese extrem schnell erwerben – vorausgesetzt, man erklärt ihnen die Sache so, dass sie Hunde auch begreifen.

Jedes Mal, wenn der Welpe beißt, solle man deshalb laut jammern und quietschen, so wie die Geschwister in einem Wurf es auch täten. Auf diese Weise lerne das Hundekind quasi wie von selbst: Beißen ist böse! So weit die graue Theorie.

In der Praxis jedoch schrecken meine Klagelaute Sirius keineswegs von weiterem Zwicken ab. Im Gegenteil: Sie stacheln ihn erst so richtig an! Deshalb bin ich in den letzten Tagen nicht umhingekommen, mir einige sehr unangenehme Fragen zu stellen.

Hilfe, mein Hund ist sadistisch veranlagt!
Ist unser Welpe ein besonders gefühlloses Exemplar?
Fehlt ihm die Fähigkeit zur Empathie?
Oder ist Sirius gar ein kleiner Sadist? Findet er schlichtweg Gefallen daran, meinen Mann, mein Kind und mich zu quälen?!
Ich weiß, ich weiß. Mit solchen Gedanken schieße ich weit übers Ziel hinaus! Ich sollte Ruhe bewahren, geduldig sein –einfach weiter quietschen und jammern, was das Zeug hält.
So langsam verliere ich allerdings den Glauben an diese Strategie.
Denn möglicherweise jammere ich ja *falsch!* Vielleicht kommuniziere ich in einer Sprache mit meinem Welpen, die er einfach nicht versteht – und sage auf Hundisch etwas völlig anderes, als ich es beabsichtige! Vielleicht kommt statt: »Au, das tut weh!«, bei Sirius ja ein begeistertes: »Au super, wir spielen jetzt mal so richtig schön wild!«, an?
Das wäre natürlich fatal.
Schade, dass ich Sirius das nicht fragen kann.

»Ganz ehrlich, Herrchens Hausschuhe vorhin waren deutlich schmackhafter!«

Doch unser kleiner Marquis de Sade soll heute ohnehin dem Tierarzt vorgestellt werden, und so nehme ich mir vor, das Beißproblem nachher gleich mal vorsichtig anzusprechen.

Während der Fahrt zur Praxis wabern schreckliche Bilder durch meinen Kopf: Sirius, der sich knurrend in den Ärmel des Arztes verbeißt. Der Tierarzt, der mir daraufhin erklärt, ich sei als Frauchen eines sadistisch veranlagten Hundes leider völlig ungeeignet, weshalb er den Tierschutz zu informieren gedenke. Die Sprechstundenhilfe, die kreischend aus der Praxis flüchtet und sich dabei ihre blutüberströmte Hand hält...

Mir bricht der Schweiß aus.

Plötzlich ein Prachtkerl

Doch im Behandlungszimmer verblüfft Sirius mich dann nicht mit seinen Kampfkünsten, sondern – Gott sei Dank – mit etwas ganz anderem: Er ist der Gehorsam in Person!

Unser sonst so beißfreudiger Welpe lässt sich geduldig von Kopf bis Fuß begutachten, in die Öhrchen schauen, das Mäulchen öffnen. Er gibt der reizenden Sprechstundenhilfe Pfötchen, und als Belohnung bekommt er eine Kaustange. Anschließend beglückwünscht mich dann auch noch das gesamte Praxisteam zu meinem liebenswerten, wesensfesten Welpen.

Bescheiden wehre ich ab:»Ach, na ja, wir haben auch so unsere Baustellen, das mit der Beißhemmung zum Beispiel klappt noch nicht wirklich perfekt.« Doch die reizende Sprechstundenhilfe lächelt nur.

»Wenn's nur das ist!«, säuselt sie und blickt Sirius verliebt in die Augen.
»Das lernen die alle irgendwann, nicht wahr, du Prachtkerl?«

Dann gibt sie ihm noch eine Kaustange, der Prachtkerl wedelt mit dem Schwänzchen, und geschmeichelt verlasse ich mit meinem liebenswerten, wesensfesten Welpen die Tierarztpraxis.

Schlauer bin ich allerdings immer noch nicht. Denn wie bringe ich meinem Kleinen die Beißhemmung denn nun bei? Und wann genau ist »irgendwann«? *Das* hätte ich die reizende Sprechstundenhilfe fragen sollen.

»Weißt du was, de Sade?«, sage ich, während mein Süßer sich zufrieden auf dem Autositz zusammenrollt.»Wenn wir zu Hause sind, schauen wir mal auf YouTube, was aus der kleinen Flocke geworden ist!«

Sollte der Hosenbein-Piranha nämlich mittlerweile seiner Leidenschaft abgeschworen haben, besteht Hoffnung, und zwar für *jeden* Hund! Und falls Flockes Zähne immer noch in Herrchens Jeans festhängen … Ach, egal. Dann klicken wir einfach weiter! Am besten zu Shaun, dem Schaf, denn das interessiert unseren Border Collie sicherlich brennend. Vielleicht vergisst er übers Schafe-Gucken ja sogar das Beißen. 🦴

ANDRÉS EXPERTENRAT ZU
PROBLEMEN MIT BISSIGEN WELPEN

Sirius' Verhalten zählt mit Abstand zu den häufigsten Schwierigkeiten frischgebackener Welpeneltern. Denn in der Interaktion mit ihren Menschen benutzen eigentlich alle Hundebabys gerne auch mal ihre Zähne. Ich bekomme dann oftmals verzweifelte Anrufe von Leuten, die ihren Hund in der zehnten Lebenswoche plötzlich wieder abgeben möchten, weil sie glauben, sie haben ein bissiges, unsoziales Exemplar erwischt. Die gute Nachricht: Das vermeintliche Problem ist kein Drama, sondern völlig normal. Beachtet man ein paar Tipps, bekommt man es leicht und schnell in den Griff.

HÄUFIGE MISSVERSTÄNDNISSE

Zunächst stellt sich die Frage: Welche Motivation liegt dem unerwünschten Verhalten zugrunde? Hier gibt es viele typische Fehlinterpretationen: Die einen denken, ihr Welpe möchte gerne Chef sein und seinen Menschen zeigen, wer im Haus den Hut aufhat. Andere fürchten, ihr Hund habe ein echtes Aggressionsproblem und werde sich zum notorischen »Beißer« entwickeln. Einige halten ihren Hund auch generell für unsozial oder gar »gestört«. All dies trifft nicht zu! Denn das Schnappen oder Beißen des Welpen ist grundsätzlich sozial motiviert. Der Hund möchte Kontakt mit uns aufnehmen und uns animieren, mit ihm zu interagieren.

Was dann passiert, ist entscheidend. Die meisten Menschen »reagieren« nun auf ihren Welpen. Sie rufen »Aus!«, »Schluss!«, »Lass das!«. Oder auch einfach nur »Aua!«. Das Problem dabei: Mit dieser Reaktion erreicht der Hund genau sein Ziel, denn wir interagieren mit ihm! Häufig machen Welpen in solchen Situationen die Lernerfahrung, dass wir so mit ihnen spielen. Je energischer wir werden, desto energischer wird in der Regel auch der Hund.

Wer schimpft, belohnt

Es ist also ganz wichtig zu verstehen: Wenn wir reagieren, belohnen wir das Verhalten unseres Welpen, und er wird es wiederholen! Dabei ist völlig egal, ob wir selbst glauben, dass wir unserem Welpen gerade ordentlich »den Marsch blasen«. Denn sogar negatives Feedback beinhaltet eine für Hunde oft belohnende Komponente, nämlich in Form von Aufmerksamkeit. Zugegeben: Es gibt einige wenige Welpen, bei denen Tadel und Schelte den gewünschten Effekt erzielen. Oftmals sind das sehr sensible Hundecharaktere, die ihr Verhalten daraufhin einstellen und ihre Zähne nicht mehr benutzen. Bei den meisten Welpen funktioniert das jedoch nicht! Bleibt die Frage, was funktioniert denn dann?

Kauen beruhigt – vorausgesetzt, unser Hund beißt uns dabei nicht ins Hosenbein.

Im Laufe der Jahre hat sich folgende Lösung als besonders effektiv herausgestellt. Sie besteht aus zwei Schritten.

★ Der erste Schritt: Sobald unser Welpe seine Zähne benutzt – und sei es auch noch so sachte (!) –, entziehen wir ihm sofort unsere Aufmerksamkeit. Das reicht bei vielen Hunden schon aus, um eine komplette Beißhemmung aufzubauen.

★ Wenn der Hund trotzdem in Spiellaune bleibt und nachsetzt, folgt Schritt zwei: Man leint den Welpen an. Dazu befestigen wir einfach eine Leine an seinem Ruheplatz. Das trainiert man zuvor einige Male, ganz unabhängig von der Beißsituation.

Um den zweiten Schritt einzuüben, gehen Sie wie folgt vor: Bringen Sie Ihren Welpen zwei bis drei Mal pro Tag an seinen Ruheplatz, um ihn dort anzuleinen. Anschließend belohnen Sie ihn mit einem tollen Kauartikel, etwa einer Kaustange oder einem befüllten Kong. Wenn der Hund nach 5–10 Minuten mit dem Kauen fertig ist, leinen Sie ihn einfach wieder ab. So verknüpft er das Anleinen positiv und empfindet es nicht als Strafe. Denn das soll es nicht sein!

Lieber kauen als beißen

In einer Problemsituation machen wir es dann ganz ähnlich: Wenn Schritt eins nicht funktioniert, leinen wir den Welpen an seinem Ruheplatz an. Jetzt belohnen wir den Hund allerdings nicht sofort, sondern warten ab, bis er eine Weile brav auf seinem Platz liegt. So verhindern wir eine unerwünschte Verhaltenskette.

Die meisten Hunde regen sich nach dem Anleinen rasch ab. Das anschließende Knabbern senkt zusätzlich den Stresspegel, und der Welpe entspannt sich. Gleichzeitig empfindet er das Alternativverhalten (ruhig auf seinem Platz liegen) dank der Beschäftigung mit seinem Kauartikel weiterhin als positiv und angenehm.

Wenn Sie die beiden Schritte über ein bis zwei Wochen konsequent anwenden und auch die anderen Tipps des Kapitels beherzigen, wird Ihr Hund rasch eine zuverlässige Beißhemmung aufbauen.

JUNG & WILD!

»Auch wenn's so aussieht:
Ein schlechtes Gewissen haben
Welpen keineswegs, wenn sie
ihre Zähnchen in Frauchens
Hände geschlagen haben.«

Julie Cense

09

FÜNF MINUTEN SIND EINE HALBE EWIGKEIT

Es ist höchste Zeit, das Alleinbleiben zu üben.

Nicht, weil mir der Gedanke an einen hundefreien Vormittag so unwiderstehlich erscheint, sondern weil Hunde eben leider nicht in allen Lebensbereichen willkommen sind. Irgendwann werde auch ich zum Arzt müssen, auf einen geschäftlichen Termin oder auch nur zum Friseur. Und bis dahin sollte Sirius gelernt haben, dass drei, vier Stunden Einsamkeit nicht gleich das Ende der Welt bedeuten.

SIRIUS ALLEIN ZU HAUS

Am besten sollte er auch gelernt haben, dass man in jener Zeit weder bellen noch Sofakissen zerfetzen und bitte auch nicht die Mülleimer ausräumen darf – was Hunde halt so machen, wenn sie der Hafer sticht.

Statt zerstörerisch aktiv zu werden, sollte mein Süßer sich vielmehr brav auf seine Decke legen und sich dann darauf besinnen, wie Langeweile am schnellsten vorübergeht: indem man sie verschläft!

Das also wäre das Fernziel. Und um diesem ab heute Stück für Stück näher zu kommen, fangen wir noch vor dem Morgenspaziergang – das Pipimachen hat der Kleine vorhin im Garten erledigt – mit dem Training an.

»Fünf Minuten«, sage ich zu Sirius, der den Kopf schief legt und mich aufmerksam ansieht, »nur fünf Minuten, das genügt für den Anfang. Wir wollen es ja nicht gleich übertreiben.«

Ich lächle ihm aufmunternd zu, und dann spiele ich »Frauchen-geht-fort« und schnappe mir Hausschlüssel, Handtasche und meine Jacke.

Mit Herzklopfen schleiche ich zur Tür. Zugegeben, ich bin ein wenig aufgeregt, wahrscheinlich mehr als mein Welpe. Denn der ahnt ja nicht, dass Frauchen in wenigen Sekunden weg sein wird … wobei ich natürlich nicht wirklich weg bin, sondern nur einen halben Meter entfernt.

Mein Plan sieht nämlich so aus: Erst bleibe ich fünf Minuten lang mucksmäuschenstill vor der Haustür stehen, um anschließend ohne großes Tamtam zurückzukommen. Beim nächsten Mal bleibe ich dann schon zehn Minuten weg, danach fünfzehn. Und ehe Sirius sich's versieht, wird er es geschafft haben, eine ganze Stunde lang allein zu bleiben! Alles ganz easy, versichere ich mir selbst und verlasse entspannt das Haus.

Alles easy? Denkste!

Es ist Mitte März und noch ziemlich kalt. Na ja, fünf Minuten werde ich es schon aushalten, immerhin habe ich meine Jacke an.

Wenngleich ich leider meinen Schal vergessen habe, wie mir fröstelnd klar wird, als ein scharfer Wind aufkommt. Ein Blick auf die Uhr verrät mir, dass ich erst seit dreißig Sekunden hier stehe; in viereinhalb Minuten darf ich also wieder rein. Ich schlage meinen Mantelkragen hoch und nehme mir vor, beim nächsten Mal an eine heiße Tasse Tee zu denken, als ein ängstliches Bellen jenseits der Tür meine Gedanken jäh unterbricht.

Mist!

Kann das sein? Schiebt Sirius etwa jetzt schon Panik?

Von den fünf Minuten ist doch gerade mal eine vergangen!

Ach was, beruhige ich mich selbst, Sirius ist bestimmt gleich wieder still.

Sobald er begriffen hat, dass ich nicht auf seine Rufe reagiere, wird er sich schon in sein Schicksal ergeben!

Doch dieses Schicksal scheint für Sirius entschieden zu hart zu sein, denn nun höre ich nicht mehr nur Gebell, sondern zusätzlich ein kräftiges Kratzen. Herrje, die schöne Tür – ob ich reingehen und dem Spuk ein Ende bereiten soll? Meine Hand greift schon nach dem Schlüsselbund, da erinnere ich mich dunkel, dass man niemals (!) zu einem Hund zurückkommen darf, während der sich schlecht benimmt. Sonst lernt er nämlich, dass er mit Bellen und Kratzen Erfolg hat, was natürlich das Letzte ist, das ich ihm beibringen möchte.

Ich lasse die Hand wieder sinken. Noch dreieinhalb Minuten.

Im Haus fällt irgendetwas mit lautem Scheppern um. Der Schirmständer? Noahs Kinderstuhl? Hoffentlich war es nichts Zerbrechliches.

Ich atme tief durch. Noch drei Minuten.

Verdammt, die werde ich ja wohl überstehen! Nervös trete ich von einem Bein aufs andere, während Sirius im Flur immer wilder kläfft und tobt. Gerade scheint er mit Karacho gegen die Tür zu springen, die uns voneinander trennt. Weiß der Kleine etwa, dass ich hier warte? Aber wenn das der Fall ist, warum regt er sich dann so wahnsinnig auf?!

»Zum Jaulen, so ganz allein zu Hause!«

Noch zweieinhalb Minuten. Sirius' Gebell hat sich jetzt in ein verzweifeltes, lang gezogenes Jaulen verwandelt. Mein Welpe rast nun nicht mehr, stattdessen kauert er scheinbar direkt vor der Türschwelle und weint nach mir! Noch zwei Minuten und fünfzehn Sekunden. Heißes Mitleid wallt in mir auf. Ich bin kurz davor, ins Haus zu stürmen und Sirius reuevoll zu versprechen, ihn *nie*, nie wieder im Stich zu lassen, als mir bewusst wird,

wie albern das ist. Streng bringe ich mich zur Räson. Irgendwann werde ich Sirius allein lassen *müssen,* und das ist auch gar nicht schlimm, jeder Hund bleibt ab und an ohne seine Menschen zu Hause! Deshalb müssen wir beide da jetzt durch, so grausam sich das auch anfühlen mag. Sirius heult. Noch zwei Minuten.

Die Uhr tickt – und die Zweifel wachsen

Ich schlinge die Arme um meinen Oberkörper. Der kalte Wind zaust mir die Haare, während ich die Zähne zusammenbeiße und mein Welpe einen halben Meter von mir entfernt herzzerreißend wimmert und weint. Noch eineinhalb verdammte Minuten. Eine Frage jagt durch meinen Kopf.

Was, wenn Sirius am Ende der von mir veranschlagten Zeit *immer noch* jault? Streng genommen dürfte ich ihn dann ja noch gar nicht erlösen? Ich müsste abwarten, bis er still ist, damit er lernt, dass Frauchen nur in diesem Falle wiederkommt! Dauert das Ganze zehn Minuten, muss ich also zehn Minuten hier draußen ausharren. Dauert es zwanzig Minuten, bleibe ich zwanzig Minuten vor der Tür. Und dauert es eine verfluchte Stunde lang, bis das arme Border-Baby erschöpft alle Hoffnung fahren lässt, resigniert und verstummt, dann bleibe ich eben … nein. Nein! Das tue ich meinem Welpen nicht an.

Probier's mal mit Gelassenheit?

Drinnen heult Sirius, draußen pfeift der Wind, und plötzlich kann es mir gar nicht mehr schnell genug gehen, den Schlüssel ins Schloss zu stecken. Zur Hölle mit all den hartherzigen Prinzipien!

Schließlich hat auch mein Sohn als Baby irgendwann gelernt durchzuschlafen, ohne dass ich ihn hätte schreien lassen. Und genauso wird auch mein Hund lernen, allein zu bleiben, ohne dass er dabei verzweifeln muss. Er soll es in Gelassenheit lernen und mit Vertrauen! Und deshalb öffne ich die Haustür, obwohl Sirius längst noch keine Ruhe gibt.

Mein Welpe presst sich durch den Türspalt und springt mir in die Arme. Völlig außer sich vor Freude leckt er mir das Gesicht ab, winselt, bellt und

Wiedersehen macht Freude: In Gesellschaft fühlen sich Hunde am wohlsten.

wedelt so heftig mit dem Schwanz, dass sein ganzer Körper wackelt. Vor Erleichterung kriegt er sich gar nicht mehr ein, und ich muss schlucken, weil der Kleine so durcheinander ist … und ich ihm das angetan habe.
Dabei wollte ich ihm doch bloß das Alleinbleiben beibringen! In bester Absicht – fünf kurze, überschaubare Minuten lang.
Nie hätte ich mir träumen lassen, dass ein simples Vorhaben wie dieses dermaßen schiefgehen kann. ⊷

ANDRÉS EXPERTENRAT ZUM THEMA
ALLEINBLEIBEN LERNEN

Wir alle haben das schon erlebt: Ein paar Minuten ziehen sich manchmal wie eine halbe Ewigkeit in die Länge, und Einsamkeit macht uns oft unglücklich. Auch Hunde sind von Natur aus Gesellschaftstiere. Sie fühlen sich einfach schnell unwohl, wenn sie allein und auf sich selbst gestellt sind. Daran muss man sie erst gekonnt und in kleinen Schritten gewöhnen. Leichter gesagt als getan! Und was Franzi aus unserer Geschichte bei ihrem ersten Übungsversuch widerfahren ist, kommt sicher vielen Hundebesitzern bekannt vor.

HUNDE SIND GESELLSCHAFTSTIERE

Oft beginnen Welpeneltern gar nicht oder viel zu spät mit dem Training. Anfangs wollen sie ihrem Hundebaby alles recht machen – es wird also geradezu mit Aufmerksamkeit überschüttet. Versucht man dann nach einigen Wochen, den Welpen allein zu lassen, wird schnell klar: Das funktioniert ja gar nicht! Denn die kleine Fellnase ist es gewohnt, immer und überall in Gesellschaft zu sein. Sind seine Menschen plötzlich weg, wird der Hund nach wenigen Minuten nervös und beginnt, so wie auch Sirius, auf sich aufmerksam zu machen. Und das oft mit viel Nachdruck! Schließlich sollen Frauchen oder Herrchen möglichst schnurstracks zurückkommen!

Wie gelingt es nun aber, unseren Welpen behutsam an das Alleinbleiben zu gewöhnen und ihn dabei nicht ins emotionale Chaos zu
stürzen? Die folgende Anleitung wird Ihnen dabei helfen.

PRAXISÜBUNG → ALLEINBLEIBEN LERNEN

Ihr Welpe sollte von Anfang an lernen, sich auch ganz allein in Ihrer
Wohnung wohlzufühlen – zunächst ohne dass Sie währenddessen
das Haus verlassen. Üben können Sie z. B. im Wohnzimmer oder in
einem beliebigen Raum, in dem Sie sich oft und gerne aufhalten.

★ Sie starten das Training, indem Sie Ihrem Welpen auf seinem
Ruheplatz einen attraktiven Kauartikel anbieten.

★ Jetzt verlassen Sie das Zimmer und erledigen einfach Dinge im
Haushalt, die Sie ohnehin erledigen würden. Natürlich können
Sie die Zeit auch mit einer Tasse Tee oder Kaffee überbrücken.

★ Wenn Ihr Welpe Ihnen sofort hinterherlaufen möchte, können
Sie ihn anleinen – wie bereits in Kapitel acht beschrieben.

★ Sobald Ihr Hund gelernt hat, etwa 10–15 Minuten allein in einem Raum zu verbringen, können Sie damit beginnen, für kurze
Zeit das Haus zu verlassen. Integrieren Sie dies einfach in Ihre
Übung. Sie gehen dann also nicht in die Küche, sondern nach
draußen, um dort z. B. den Müll wegzubringen.

Wenn Ihr Welpe gut mitmacht, können Sie die Übungszeit schon
bald immer weiter ausdehnen. So wird er sich Schritt für Schritt
daran gewöhnen, auch mal für mehrere Stunden allein zu bleiben.

Mit dieser Übung vermeiden Sie in der Regel Verlustängste, und
es wird für Ihren Hund bald ganz normal sein, wenn er einige Zeit
allein und ohne Frauchen oder Herrchen ausharren muss.

10

DAS DAUERTHEMA STUBENREINHEIT

»Mein Arnold«, berichtet der Mann mit dem Rauhaardackel-Welpen stolz, »ist schon sauber, seit er zehn Wochen alt ist!«

»Tatsächlich?« Die Dame mit dem Labrador lächelt überlegen. »Mein Rico hat das letzte Mal ins Haus gemacht, da war er neun Wochen alt!«

»Suuuuper«, lobt die Dritte im Bunde, zu deren Füßen ein weißes, wolliges Schäferhundbaby schläft. »Aber wisst ihr was? Meine Milly kam sogar schon stubenrein vom Züchter. Da gab es null und nie Sauerei!«

Ich schlucke. Betreten starre ich auf den Waldboden. Doch es hilft nichts, alle Köpfe drehen sich jetzt mit fragenden Blicken zu mir.

»Und Ihrer, Franziska?«, fragt Arnolds Hundepapa lauernd und schiebt sich dabei einen Kaugummi in den Mund. »Macht Ihrer noch ins Haus?«

Über mir krächzt warnend ein Eichelhäher.

»Ich, äh, also eigentlich …«

In diesem Moment bricht Noah aus dem Unterholz. »Unser Sirius macht *ständig* ins Haus!«, posaunt er fröhlich. »Der ist ein richtiges kleines Schweinchen und kapiert das mit der Stubenreinheit *überhaupt nicht!*«

Schweißgebadet wache ich auf.

UNSER HAUS IST DOCH KEIN HUNDEKLO!

Puh, was für ein Albtraum! Konkurrierende Frauchen und Herrchen, die mich an die Eltern in Noahs Krabbelgruppe erinnern (»Waaas, Noah kann mit einem Jahr noch kein Wort sprechen? Du, geh da besser mal zum Kinderarzt. Nicht, dass da was im Busch ist!«) – und mittendrin ich. Die überhaupt keine Lust hat, ins allgemeine Vergleichen und Rivalisieren einzusteigen, und die sich trotzdem ziemlich verunsichern lässt.

Denn ist es etwa normal, dass mein Welpe trotz seiner knapp zwölf Wochen noch so gar nicht stubenrein ist?

Müde blicke ich auf die Leuchtziffern des Weckers. Es ist drei Uhr nachts. Ich verschränke die Hände unter dem Hinterkopf, starre an die dunkle Decke und frage mich, warum dieser Traum eigentlich so schrecklich für mich war. Objektiv betrachtet ging es schließlich bloß um Hundepipi! Meine Güte. So schlimm ist dieses Thema nun auch wieder nicht. Allerdings durchaus nervig.

Weil mir so ziemlich jeder erfahrene Hundehalter, den ich auf meinen Spaziergängen treffe, seine Erfolgsstorys erzählt: Welpe A war damals mit zehn Wochen sauber, Welpe B hatte es bereits nach drei Tagen geschnallt, und nur Welpe C, der aber auch ein besonders einfältiges Geschöpf war, hat bis zum Alter von drei Monaten gebraucht.

Hört man diesen Menschen zu, so könnte man glauben, dass alle Welpen dieser Welt mit zehn, spätestens elf Wochen komplett stubenrein sind – außer die ganz doofen, bei denen klappt's dann aber eine Woche später. Sirius ist gute elf Wochen alt, und doof ist er bestimmt nicht! Aber so klug, niedlich und lustig ich unseren Welpen auch finde: Bis zur Stubenreinheit hat er noch einen langen, langen Weg vor sich.

Kleine und große Bedürfnisse

Denn klar, grundsätzlich hat er verstanden, dass draußen Pipi zu machen etwas Feines ist, für das man viel Lob und ein Leckerchen bekommt. Doch wenn Noah Freunde mitbringt, pinkelt Sirius vor Aufregung trotzdem ins Kinderzimmer. Wenn mein Mann abends nach Hause kommt, pinkelt unser Welpe vor Freude in den Flur. Und wenn ich länger als eine halbe Stunde ins Schreiben vertieft bin, macht Sirius selbstverständlich ins Arbeitszimmer. Ohne Vorankündigung, versteht sich.

Zwar pieselt er auch, wenn ich im Garten »Mach schön, Sirius!« flöte. Aber zehn Minuten später strömt dann schon wieder Pipi im Wohnzimmer, und ich kratze mich am Kopf und frage mich verblüfft: Wo nimmt der Kleine eigentlich die ganze Flüssigkeit her?

Noch kniffliger ist die Sache mit dem großen Geschäft, denn das geht praktisch immer daneben. Sirius scheint eine regelrechte Abneigung dagegen zu haben, sich in der Natur zu lösen, was mich ein bisschen verwundert. Ich meine, er ist doch ein Hund!

»Hm. Meinetwegen, dann eben draußen … ich such mir mal ein stilles Örtchen.«

Andererseits ist es für einen kleinen Welpen natürlich viel bequemer, sich in einem unbeobachteten Moment zu verkrümeln, um dann ganz in Ruhe in Noahs Kinderzimmer zu kacken … oder auf die neue, blütenweiße Badematte … oder, besonders gerne, hinter die Altpapierkiste in der Küche! Ich seufze, während Tim selig neben mir schläft.

Und allmählich werde auch ich wieder müde.

Klatschmohn, Wiesen und Birkenwälder

Meine große Hoffnung, sinniere ich, ist ja der Sommer. In den warmen Monaten kann die Terrassentür zum Garten tagsüber offen stehen, und das, so mein Kalkül, wird Sirius animieren, ganz selbstverständlich hinauszulaufen, sobald er ein Bedürfnis verspürt.

Außerdem wird Sirius ja auch älter! Irgendwann wird er schon begreifen, dass ein Hund, der etwas auf sich hält, nicht in Häuser macht, sondern auf die grüne Wiese. Oder gibt es vielleicht Hunde, die das *nie* kapieren?

Gott behüte! Nach drei Jahren Kind wickeln soll ich jetzt etwa auch noch geschätzte fünfzehn Jahre Hundepipi wegwischen? Nein, danke!

Die Augen fallen mir zu. Ich träume.

Diesmal sind keine Superfrauchen und Superherrchen mit ihren Super-hunden dabei, und schon deshalb ist dieser Traum viel entspannter als der erste. Mein Welpe und ich streifen allein durch die Natur, Sirius tollt über Felder, an deren Rändern roter Klatschmohn wächst, und dann macht Sirius Pipi auf eine blühende Sommerwiese und schließlich Kacki in einen lichtdurchfluteten Birkenwald.

Als ich früh am Morgen wieder aufwache, liegt ein Lächeln auf meinen Lippen. Was für ein wunder-, wunderschöner Traum!

Ich glaube, so langsam werde ich komisch. ➤━

ANDRÉS EXPERTENRAT ZUM THEMA STUBENREINHEIT BEI WELPEN

Superfrauchen, Superherrchen und Hundehelden mit übernatürli-chen Fähigkeiten? Das wäre doch mal der perfekte Stoff für einen Comic! Müssen wir uns Sorgen um unsere Franziska machen? Nein, das glaube ich nicht. Die Erziehung eines Welpen kann einem einfach sehr nahegehen, und manchmal raubt sie uns sogar den Schlaf. Vor allem das Thema Stubenreinheit ist für viele Welpen-eltern eine Belastung, die schnell in Frust mündet: Da verbringt man schon den halben Tag geduldig mit Gassigehen, und trotz-dem will die Sache einfach nicht funktionieren!

TEPPICHBODEN NEIN, WIESE JA!

In diesem Kapitel besprechen wir, ab wann die meisten Hunde verlässlich stubenrein werden – und was Sie tun können, um Ihren Welpen dabei zu unterstützen. Außerdem erfahren Sie, was es mit dem sogenannten »Freudepinkeln« auf sich hat. Los geht's!

Die meisten Hunde werden zwischen der 16. und 20. Lebenswoche zuverlässig stubenrein. Manche etwas früher, andere später. Also kein Grund zur Sorge, wenn es vorher noch nicht »richtig läuft«.

Viele Welpeneltern berichten am Anfang, dass sich ihr Hund zwar im Freien löst, aber trotzdem noch in die Wohnung macht. Meist sucht er dafür ganz bestimmte Orte auf. Ist das auch bei Ihnen so? Dann ist das ein wichtiger Hinweis: Denn Hunde merken sich (siehe Kapitel zwei) den Untergrund, auf dem sie sich lösen.

Wenn der Welpe also einen bestimmten Untergrund im Haus noch als Löseplatz verknüpft hat, sollten Sie ihm eine Zeit lang den Zugang zu diesem Bereich verwehren. Ganz konkret bedeutet das: Löst sich der Welpe z. B. immer auf dem gleichen Vorleger, räumt man den Teppich übergangsweise weg; sind es die Fliesen in der Küche, achtet man darauf, dass der Hund dort nicht unbeaufsichtigt hineinläuft. Ein Kindergitter kann hier hilfreich sein.

Beobachten und schnell handeln

Jetzt sind ein bis zwei Wochen Geduld und natürlich auch Disziplin gefragt: Schafft man es, dass sich der Welpe in diesem Zeitraum nicht mehr auf seinem bevorzugten Untergrund löst, baut er in der Regel die gewünschte Hemmung auf und kann sich dann wieder frei in der Wohnung bewegen.

Falls es partout nicht gelingt, das Hundebaby von bestimmten Zimmern, Teppichen oder Bodenbelägen fernzuhalten, hilft Folgendes: Die meisten Hunde suchen direkt nach dem Gassigehen ihren Löseplatz auf. Nach dem Spaziergang, wenn wir also wieder zurück in den eigenen vier Wänden sind, beobachten wir unseren Welpen mit Argusaugen: Läuft er wie erwartet zu seinem vertrauten »Lieblingsort«, um dort sein Geschäft zu verrichten, unterbrechen wir ihn, indem wir ihn schnell wieder hinausbringen.

Freude und Angst drücken auf die Blase

Was steckt nun aber hinter dem »Freudepinkeln« oder »Pinkeln aus Aufregung«, von dem auch Franzi in unserer Geschichte erzählt? Gehört das auch mit zur Stubenreinheit?

Nein, nicht wirklich. Hierbei handelt es sich um eine Übersprunghandlung. In diesem besonderen Fall versteht man darunter das kurze Absetzen von Urin in einer für den Hund aufregenden, anspannenden oder auch bedrohlichen Situation. Zeigt der Welpe dieses Verhalten, müssen wir zunächst die Ursachen herausfinden; erst dann können wir an diesen arbeiten.

Pinkelt der Welpe etwa in typischen Begrüßungssituationen, ist es notwendig, ihn zunächst zu ignorieren. Wir betreten also den Raum und lassen den Hund, so süß er in dem Moment auch sein mag, einfach fünf Minuten lang »links liegen«. Denn jede Aufmerksamkeit, die er im Rahmen einer Begrüßung bekommt, wirkt aufputschend und verstärkt das Problem.

ANDRÉS EXTRATIPP

Eine häufige Ursache für das erwähnte »Pinkeln aus Aufregung« ist heftiges Schimpfen! Viele Welpen setzen plötzlich Urin ab, wenn man sie laut und aufgebracht maßregelt. In diesem Fall ist es wichtig, dass Sie die Art und Weise Ihrer Reaktion und Korrektur gegenüber dem Welpen deutlich abschwächen, um die unerwünschte Übersprunghandlung zu vermeiden.

Auf die Körpersprache achten

Fühlt sich der Welpe hingegen bedroht, weil man sich ihm frontal nähert und sich über ihn beugt, ist es wichtig, an der eigenen Körpersprache zu arbeiten und sie anzupassen. Nähern Sie sich also lieber seitlich und beugen Sie sich nicht über den Hund.

Abschließend will ich Ihnen aber erneut Mut machen. Ob nun Übersprunghandlung oder noch keine hundertprozentige Stubenreinheit: Meist sind nur etwas Geduld und ein bisschen Feinjustierung nötig, um das Problem in den Griff zu bekommen.

Wenn Sie die genannten Tipps praktisch anwenden, werden Sie sich schon sehr bald über Erfolgserlebnisse freuen. Und Albträume, wie sie Franziska in unserer Geschichte geplagt haben, gehören der Vergangenheit an – oder tauchen erst gar nicht auf!

JUNG & WILD!

»Hier hilft auch der süßeste Welpenblick nichts – Stubenreinheit muss einfach sein!«

J. Henkelmann

11

LEINENSALAT UND ANDERE DELIKATESSEN

Ich liebe die Spaziergänge mit unserem Süßen.

Wirklich, ich liebe sie!

Na ja, meistens.

Okay, manchmal auch nicht, heute zum Beispiel ist so ein Tag.

Es regnet, aber das ist gar nicht das Problem. Denn so langsam bin ich ja daran gewöhnt, bei jedem Wetter, jeder Temperatur und nahezu jedem menschlichen Gesundheitszustand vor die Tür zu gehen. Viel unangenehmer als der Regen ist etwas ganz anderes: Unser dreizehn Wochen junger Welpe hat die Schmackhaftigkeit von Gänsekacke entdeckt!

Und von Katzenkot.

Und von Hasenkötteln.

Irgendwie von allem, das bereits von irgendjemandem verdaut wurde.

WAS DUFTET DA AM WEGESRAND?

Also habe ich in den letzten Tagen gelernt, sehr aufmerksam die Pfade und Wiesen abzusuchen, wenn ich mit Sirius unterwegs bin, und leider habe ich auch gelernt, dass Sirius *sehr,* sehr oft schneller ist als ich.

Gerade ist es wieder einmal passiert: In Lichtgeschwindigkeit schnappt er nach einem schimmernden dunkelbraunen Miniwürstchen, und bevor ich auch nur »Nein!« schreien kann, hat er es auch schon verschluckt.

Das ist so widerlich!

»Hierher, Sirius«, befehle ich ungehalten, und da nun keine Köstlichkeit mehr am Wegesrand lockt, lässt mein Welpe sich sogar dazu herab, mir zu gehorchen. Er kommt und setzt sich ruhig und artig vor mich hin, und pflichtschuldigst belohne ich ihn dafür mit einem Leckerli.

Sein Mäulchen berührt meine Fingerspitzen.

Ich bemühe mich, an alles zu denken, nur nicht daran, was vor wenigen

Sekunden in ebenjenem Welpenmaul verschwunden ist. Selten habe ich mich dermaßen aufs Händewaschen gefreut!

Doch zuvor müssen Sirius und ich noch unsere Runde beenden, und auf dieser lauert auch schon die nächste Herausforderung – diesmal in Gestalt eines großen schwarzen Zotteltiers und seines Herrchens. An gespannter Flexi-Leine zerrt der Hund den Mann hinter sich her. Ich rufe mir in Erinnerung, was Sirius und ich jüngst gelernt haben; in der Theorie klang das ja eigentlich alles ganz einfach. Ob es wohl auch in der Praxis funktionieren wird?

Das große schwarze Zotteltier

Ich locke Sirius zu mir, lasse ihn sitzen und halte seine Aufmerksamkeit auf mich gerichtet, indem ich ihn freundlich lobe und ihm ab und zu ein Leckerli gebe. Und solange der große Schwarze noch einige Leinenlängen entfernt ist, klappt das auch richtig gut!

Doch dann ist er fast da, und ich weiß, jetzt wird's schwierig!

Ein fremder, zotteliger Artgenosse oder Frauchen und ihre Leckerli: Wer ist wohl spannender für Sirius? Mein Herz beginnt zu pochen.

Der große Schwarze ist nur noch einen Meter entfernt. Und, hurra! Sirius entscheidet sich für mich! Unbeirrt sitzt er vor mir, fixiert mein Gesicht mit seinen Augen und genießt mein sanftes Lob, während das große schwarze Zotteltier ... *nicht* vorbeigeht.

»Schön Hallo sagen!« Herrchen lächelt sonnig, während sein Hund sich anschickt, Sirius zu beschnüffeln. »Hallo sagen muss sein, gell?«

Nein, muss es nicht! Zähneknirschend sehe ich zu, wie Sirius aus dem Sitz aufspringt. Natürlich beschnüffelt er den anderen nun ebenfalls, und schon verheddern sich die beiden Leinen ineinander.

»Der ist noch jung, was?«, erkundigt sich Herrchen aufgeräumt, und ich zwinge mich zu einem etwas milderen Gesichtsausdruck.

»Ja, dreizehn Wochen. Wir, ähm, haben eigentlich gerade geübt.«

»Ach so?« Herrchen hebt die Augenbrauen. »Und was?«

»Ich möchte ihm gerne beibringen, andere Hunde zu ignorieren, wenn wir mit der Leine unterwegs sind.«

Aus Herrchens Miene weicht alle Wärme.

»Aber das ist unnatürlich!«, ruft er empört. »Hunde brauchen viel Kontakt mit ihresgleichen, das weiß doch jeder! Sie etwa nicht?«

»Kann sein. Trotzdem möchte ich den Kontakt auf den Freilauf beschränken. Ich denke, an der Leine kann es zu Problemen kommen, wenn…«

»Nein, nein, nein – also da liegen Sie falsch«, unterbricht Herrchen mich streng. »Hundekontakt ist *immer* etwas sehr Gutes, deshalb sollte man ihn auch *immer* erlauben!«

»Hm. Der Autor meines Border-Collie-Buches ist der Meinung…«

»Der Autor, ja?« Herrchen lacht verächtlich. »Offensichtlich hat der gute Mann keine Ahnung. Wahrscheinlich hat er mit Hunden ausschließlich auf dem Papier zu tun, dieser Kurpfuscher!«

Verworrene Gemengelage

Der »Kurpfuscher« züchtet zwar seit zwanzig Jahren Border Collies und hält aktuell fünf von ihnen, mit denen er ausgezeichnet zurechtkommt. Doch ich verkneife mir meine Antwort.

Stattdessen blicke ich stumm auf unsere Vierbeiner, die gerade dabei sind, sich nach allen Regeln der Kunst zu fesseln.

»Wenn der Leinensalat Sie stört«, sagt Herrchen, »dann lassen Sie Ihre Leine doch einfach fallen. So ist das Problem im Nullkommanix gelöst, und die beiden Racker können schön zusammen spielen!«

Leinen los? Das ist nicht immer eine gute Idee.

Das große schwarze Zotteltier fängt leise an zu knurren. Sirius presst sich flach auf den Boden. Mir wird mulmig.

»Wir gehen wohl lieber weiter«, sage ich und schlucke.

»Was?!« Über so viel Unverstand kann Herrchen nur heftig den Kopf schütteln. »Hören Sie, wenn Sie Ihren Welpen ständig isolieren, dann entwickelt der sich zum Raufer! Wollen Sie das wirklich riskieren? Also, *ich* habe von Anfang an peinlichst darauf geachtet, dass mein Bruno viele Freundschaften schließen kann. Und zwar *mit*«, er schwingt den ausgestreckten Zeigefinger durch die Luft, »und *ohne* Leine!«

Allmählich kostet es mich doch einige Mühe, gefasst und höflich zu bleiben. »Das kann ja nun jeder halten, wie er will, nicht wahr?«

»Leider«, sagt Herrchen düster. »Leider.«

Das Zotteltier hebt die Lefzen, das Knurren wird lauter. Du lieber Himmel, am Ende wird mein Welpe noch gebissen – und er kann nicht einmal fliehen! Mit zitternden Händen entwirre ich Lederleine und Flexi-Schnur, damit Sirius und ich endlich das Weite suchen können.

»Nun lassen Sie schon los, Sie unbelehrbare Person«, blafft Herrchen, während sein Hund nach mir schnappt, »lassen Sie doch endlich die Leine fallen! Die beiden machen das unter sich aus, Himmelherrgott!«

Mist, jetzt bin ich verunsichert!

Die Leine ist frei. Hektisch ziehe ich Sirius von dem großen schwarzen Zotteltier fort. Nichts wie weg von diesem unangenehmen Gespann.

»Sie arbeiten viel zu viel über die Leine!«, schimpft Herrchen. »Hat Ihnen das noch nie jemand gesagt? Kann ja gar nicht sein!«

Fassungslos starre ich ihn an.

»Traurig«, sagt Herrchen, während er sich umdreht und mit seinem großen Schwarzen davon stapft, »das ist so traurig! Wie manche Leute mit ihren Hunden umgehen … da sind die Probleme doch vorprogrammiert! Und dann wundern sie sich, wenn ihre Tiere neurotisch …«

Der Rest seiner Rede wird von Wind und Regen verweht.

Ungläubig und wütend blicke ich ihm nach.

Hoffentlich sehe ich diesen Kerl nie wieder. So eine Pfeife!

Dummerweise hat die Pfeife mich aber doch ein bisschen verunsichert.

Und den ganzen restlichen Spaziergang quält mich die Frage, ob er nicht vielleicht doch recht hatte, irgendwie?

Wird Sirius tatsächlich ungesellig, wenn ich ihm keinen Hundekontakt an der Leine erlaube? Bin ich zu streng mit ihm? Ist es meine Schuld, wenn aus unserem niedlichen Welpen ein neurotischer Angstbeißer wird? Ich trabe durch den Regen und grübele.

Und noch eine Köstlichkeit

Sirius grübelt kein bisschen, sondern stürzt sich freudig auf ein Häufchen Gänsekacke. Doch diesmal – der Zorn auf Herrchen und Zotteltier scheint mich zu beflügeln – reagiere ich sofort.

Ich ziehe Sirius abrupt von der Gänsekacke weg und donnere »NEIN!«.

Und ha, ich war schneller als mein Welpe!

Sirius springt erschrocken zur Seite, und das schleimig-grüne Häufchen bleibt unberührt zwischen Schlamm und Grasbüscheln liegen.

Na also!

Die Freude über meinen kleinen Sieg währt jedoch nur kurz, denn habe ich nicht schon wieder etwas falsch gemacht? »Sie arbeiten viel zu viel über die Leine«, hallt Herrchens vorwurfsvolle Stimme in meinem Kopf.

»Traurig, das ist so traurig!«

Der Regen verstärkt sich zu einem eiskalten Prasseln.

Mein Selbstbewusstsein als Hundemama liegt k. o. am Boden.

Sirius schnappt sich erneut ein undefinierbares Etwas – ein verrottendes Stückchen Brathuhn? Das Hinterteil einer Maus?

Doch diesmal bin ich zu langsam, und die eklige Delikatesse landet schwuppdiwupp in Sirius' Magen. Mein Hund schmatzt zufrieden.

Ich bin nass, friere und halluziniere von Würmern und anderen Parasiten, während ich mit Sirius nach Hause schleiche.

Oh ja, ich liebe die Spaziergänge mit unserem Süßen.

Aber NICHT heute! ✖

ANDRÉS EXPERTENRAT ZU
GASSIGÄNGEN MIT HINDERNISSEN

Auweia, was für ein aufregender und leider auch aufreibender Spaziergang! Ich werde die einzelnen Situationen nun aus meiner Sicht beleuchten und Ihnen zeigen, wie man sich in solchen Fällen am besten verhält. Wir werden sehen, wer bei der Meinungsverschiedenheit eigentlich recht hatte. Und wir besprechen natürlich, wie viel Gänsekacke ein junger Welpe fressen darf – und wie man ihm diese Marotte schnell wieder abgewöhnt.

SOZIALKONTAKTE – DIE GOLDENE REGEL

Es gibt eine ganz klare Regel, die mittlerweile viele Hundeschulen von Anfang an vermitteln: Hundekontakt an der Führleine ist tabu! Der Leinenbereich ist ein Schutz- und Sicherheitsbereich, keine andere Fellnase hat darin etwas zu suchen. Wenn ständig fremde Hunde in diesen Bereich eindringen und Ihren Hund sogar bedrängen (was nicht selten passiert), wird er langfristig das Vertrauen zu Ihnen verlieren. Er wird dann an der Leine immer unsicherer, zumal ihm die natürlichen Fluchtmöglichkeiten fehlen.

Außerdem ist nicht jeder Artgenosse freundlich. Es gibt mittlerweile unzählige Hunde, die einfach nicht sozialfähig sind. Meist liegt das an ihrer problematischen Vorgeschichte. Einige dieser Vierbeiner müssen dann an der Leine geführt werden, da es sonst bei Sozialkontakten zu ernsthaften Konflikten kommen kann.

Leinendisziplin und Gesundheit

Das ist aber nicht das einzige Argument, das gegen Kontakte an der Leine spricht. Ein weiterer Punkt: Wenn Sie solche Kontakte zulassen, wird sich die Leinenführigkeit nicht gut entwickeln, da Ihr Hund – wie das Zotteltier aus unserer Geschichte – zu jedem Artgenossen hinzieht, den er sieht. Ihr Welpe bekommt so nie die Möglichkeit, dem Reiz, Kontakt zu anderen Hunden aufzunehmen, standzuhalten und selbst auf eine lockere Leine zu achten.

Hinzu kommt, dass leider nicht jeder Hund gesund ist. Es gibt einige übertragbare Krankheiten wie etwa Zwingerhusten, die es unbedingt erforderlich machen, einen Hund an der Leine zu führen. Deshalb finde ich: Franziska hatte vollkommen recht. Es gibt keinen vernünftigen Grund, Sozialkontakte an der Führleine zu fördern! Zwar stimmt es, dass jeder Hund Sozialkontakte braucht, doch es gibt viele Möglichkeiten, Ihrem Welpen diese Kontakte ohne Leine zu ermöglichen. Mehr dazu im nächsten Kapitel!

Unsicherheit – am Anfang ganz normal

Zurück zu unserer Hundemama und ihrer unangenehmen Auseinandersetzung mit dem neunmalklugen Hundehalter. Hätte Franzi in dieser Situation besser reagieren können – und wenn ja, wie? Zunächst einmal hat sie auch hier vieles sehr gut gemacht: Sie hat Sirius' Aufmerksamkeit auf sich gelenkt und ihn für das gewünschte Alternativverhalten – sie anschauen, nicht auf den fremden Hund reagieren – belohnt. So wird die Motivation ihres Hundes, fremden Hunden Beachtung zu schenken, automatisch abgebaut.

ANDRÉS EXTRATIPP

Beim Austausch und Fachsimpeln mit anderen Hundehaltern sollte man immer bedenken: Die meisten Frauchen und Herrchen, die Ihnen z. B. draußen beim Gassigehen begegnen, sind selbst keine Profis und geben oft nur weiter, was sie irgendwann einmal irgendwo gelesen oder aufgeschnappt haben.

Dann zeigte sich Franziska jedoch plötzlich eingeschüchtert, was nicht optimal war. Allerdings war es völlig normal! Gerade am Anfang der Hundehaltung sind viele Menschen einfach noch recht unsicher. Nur ein sehr erfahrener Hundehalter oder Hundetrainer wäre hier souveräner aufgetreten und hätte dem Mann und seinem Vierbeiner ganz klar die Grenzen aufgezeigt.

PRAXISÜBUNG → DAS SCHLUSS-SIGNAL

Diese Übung funktioniert nur mit reizvoller Belohnung. Halten Sie daher vor Beginn zehn Leckerchen griffbereit.

Noch ein Hinweis: Unterschätzen Sie bitte nicht die hohe Wiederholungsrate, die so ein Training erfordert. Für neue Signale müssen Sie circa 3000 bis 6000 Wiederholungen veranschlagen. Erst nach diesem Pensum wird ein Verhalten zuverlässig ausgelöst.

★ Legen Sie sich ein Leckerchen in die Hand, verschließen Sie sie zur Faust und halten Sie diese Ihrem Hund vor die Nase.

★ Nun wird Ihr Welpe versuchen, an das Leckerchen heranzukommen. Manche Hunde sind dabei sehr ausdauernd.

★ Warten Sie so lange, bis er von selbst aufgibt und seinen Kopf von Ihrer Hand abwendet. Genau in diesem Moment belohnen Sie ihn mit dem Leckerchen aus Ihrer verschlossenen Hand.

★ Sobald die Übung flüssig läuft, arbeiten Sie das akustische Signal »Schluss« ein: Sie sagen genau in dem Moment »Schluss«, wenn Ihr Hund sich von Ihrer Hand abwendet.

★ Nachdem er das Meideverhalten (Abwenden) gezeigt hat, belohnen Sie ihn direkt mit dem Leckerchen aus Ihrer Hand.

★ Wiederholen Sie die Übung häufig an unterschiedlichen Orten und zu verschiedenen Zeiten. Ihr Hund wird dann schon bald auf das Schluss-Signal mit einem Meideverhalten reagieren.

Wichtig: Wenn Sie das Schluss-Signal später in Alltagssituationen nutzen, müssen Sie ohne Belohnung arbeiten. Sonst kann es passieren, dass sich bei Ihrem Hund eine unerwünschte Verhaltenskette ausprägt – und das wollen wir nicht.

Beispiel: Ihr Welpe entwickelt plötzlich die Marotte, Ihre Slipper zu zerkauen. Wenn Sie dann das Signal »Schluss« anwenden und Ihren Hund direkt belohnen, wird er lernen: Aha, auf Schuhen kauen und dann damit aufhören bedeutet … Leckerli!

Genau das ist nämlich idealerweise unsere Aufgabe: Wir signalisieren freundlich, aber bestimmt, dass wir keinen Kontakt an der Leine zulassen möchten. Wird dies nicht respektiert, verleihen wir unserer Stimme Nachdruck. Wenn auch das nichts bringt und wir auf taube Ohren stoßen, beenden wir das Gespräch – beispielsweise mit dem Satz: »Googeln Sie mal: Sozialkontakt an der Führleine ist tabu!« Eine gewisse Unhöflichkeit ist in solchen Situationen nämlich allemal besser, als wenn der eigene Hund Schaden nimmt.

Die Macke mit der Gänsekacke

Zum Schluss noch ein Wort zu Sirius' kulinarischen Vorlieben: Die gute alte Gänsekacke. Und wenn es doch nur diese wäre!

Nahezu alle Welpen erkunden in der frühen Phase ihres Lebens ihre Umwelt leider auch über Maul und Magen und fressen alles, was sie unterwegs so aufspüren. Für viele Welpenbesitzer ist es erleichternd zu erfahren, dass dieses Verhalten ganz normal ist und mit zunehmendem Alter auch wieder vorübergeht. Wichtig ist aber dennoch, angemessen darauf zu reagieren!

Franziska hat Sirius mithilfe der Leine daran gehindert, den Gänsemist zu fressen. Das war ein guter erster Schritt! Parallel sollte sie jedoch auch noch das Schluss-Signal aufbauen, denn dadurch lernt der Hund ein Meideverhalten: Immer, wenn er »Schluss« hört, soll er sofort bleiben lassen, was er gerade tut oder vorhat.

Nur Übung macht den Meister

Wie man das Schluss-Signal aufbaut, erkläre ich in der vorausgehenden Praxisanleitung (→ Seite 89). Wer sich das Training mit eigenen Augen ansehen möchte, findet im Leserbereich meiner Online-Hundeschule ein Video von meinem Hund und mir beim Üben. Wie man sich einloggt, erfahren Sie auf Seite 237.

Ist das Signal erfolgreich aufgebaut, kann man es draußen beim Spazierengehen nutzen und bekommt das Problem so schnell in den Griff. Und dann machen Ausflüge ins Freie auch wieder Spaß – dem Welpen und seinen Menschen!

12

SHOWDOWN AUF DEM HUNDESPIELPLATZ

»Freilauf und Spiel mit anderen Hunden sind etwas wirklich Schönes«, doziert meine Cousine Ella, »auch für einen dreizehnwöchigen Welpen. Und deshalb fahren wir jetzt zusammen zu einem Hundespielplatz!« Zögernd stimme ich zu. Denn eigentlich wollten Ella und ich mit Sirius nur eine kurze Runde im Park drehen und danach im Garten ein Glas Tee trinken. Das Wetter ist herrlich, die Frühlingssonne scheint warm, und ich fand dieses Vorhaben sehr gut. Doch Ella, meine sprunghafte Cousine vierten Grades, hat es sich im letzten Augenblick anders überlegt.

TRAGÖDIE VIERTEN GRADES

Ella wohnt in einer anderen Stadt, und wir sehen uns selten, denn wir schwingen nicht wirklich auf einer Wellenlänge. Doch gerade ist Ella auf Stippvisite in der Heimat. Und weil sie Hunde abgöttisch liebt, sich selbst

»Hey Großer, zeig her! Was hast du denn da Spannendes ausgebuddelt?«

aber leider keinen halten kann – viel zu stressiger Job, zu schmutzanfällige Wohnung, viel zu viele Fernreisen –, hat sie spontan beschlossen, auch mich mit ihrem Besuch zu beehren.

Ella liebt Hunde übrigens nicht nur, sondern kennt sich auch extrem gut mit ihnen aus (ähnlich wie mit der Kindererziehung, wobei ich anmerken muss, dass sie gar keine Kinder hat). Deshalb hat sie mich in der letzten halben Stunde bereits mit dreihundertsiebenundachtzig hilfreichen Tipps versorgt. Natürlich ungefragt. Ich fühle mich ein wenig erschöpft.

Und jetzt geht es also ans andere Ende der Stadt.

Meine Gefühle sind gemischt, während wir in Ellas schickem Wagen durch die Straßen kurven.

Mögen die Spiele beginnen!

Vielleicht ist es ja tatsächlich ganz lustig auf diesem Hundespielplatz.

Aber werden die fremden Vierbeiner dort, die ich allesamt nicht kenne und somit auch nicht einschätzen kann, freundlich zu Sirius sein?

Die Begegnung mit dem großen schwarzen Zotteltier und seinem aufbrausenden Herrchen liegt erst wenige Tage zurück. Zwar ist sie am Ende glimpflich abgelaufen, trotzdem hat mir der Zwischenfall eindrücklich vor Augen geführt, dass nicht alle Hunde mit Welpen etwas anfangen können. Manche haben die Kleinen wohl eher zum Fressen gern ...

Ich tröste mich damit, dass auf einem Hundespielplatz mit Sicherheit keine Leinenpflicht angesagt ist. Und im Freilauf wäre auch das Zotteltier netter zu Sirius gewesen! Denke ich. Hoffe ich.

»Warum schaust du denn so ernst?« Ellas Stimme durchschneidet meine Gedanken. »Du bist viel zu verkrampft, was diesen Hund angeht! Aber so warst du schon immer. Mach dich endlich mal locker, Cousinchen.«

Ella hält den Wagen am Straßenrand, schaltet den Motor aus und blickt mich amüsiert und zugleich herausfordernd an.

»Sirius ist doch nicht aus Zucker! Der muss lernen, mit Artgenossen zu kommunizieren, sich mit ihnen zu messen und auch mal mit ihnen zu raufen. Schlimm genug, dass du keine Welpenspielgruppe mehr besuchst« – ich war so unvorsichtig gewesen, Ella davon zu erzählen –, »aber dass du den Kleinen jetzt so in Watte packst, ist echt nicht in Ordnung.«

»Schon gut, schon gut.« Ich seufze und hebe die Hände. »Wir sind doch mitgekommen.« Dann steige ich aus dem Wagen und befreie Sirius aus dem Kofferraum. Schnuppernd hält er das Näschen in die Luft. In diesem Moment ertönt ein wildes, vielstimmiges Knurren.

»Nun schau dir das an!«, ruft Ella begeistert. »Gut, dass wir hierher gekommen sind. Sirius wird einen Hei-den-spaß haben!«

Wird er das?

Mit großen Augen blicke ich auf ein eingezäuntes, ebenso gras- wie trostloses Areal, auf dessen staubigem Boden sich ein Betontunnel, ein entrindeter Baumstamm und vier Fellnasen nebst ihren Haltern befinden. Drei der Hunde haben scheinbar tatsächlich einen Heidenspaß.

Der vierte nicht so. Der ist nämlich das Opfer.

»Nun kommt schon, ihr zwei«, ruft Ella, die schnurstracks auf das rostige Tor des Geheges zusteuert. »Worauf wartet ihr, auf bessere Zeiten?«

Sie lacht herzlich, doch ich kann nicht mitlachen.

Meine Augen kleben an der kleinen rotgoldenen Hündin auf dem Spielplatz, die von den drei anderen gnadenlos untergebuttert wird.

Mit zunehmender Aggressivität reagieren sich die Hunde an ihr ab, während keiner der anwesenden Menschen eingreift. Stattdessen stehen die Zweibeiner gemütlich da, plaudern und lachen miteinander – und niemand scheint zu sehen oder zu hören, dass sich die Rotgoldene unter den Attacken der anderen Hunde verzweifelt windet, dass sie in den höchsten Tönen winselt, schreit und fiept.

Vergnügen fühlt sich anders an

Beklemmung steigt in mir auf, mein Brustkorb zieht sich zusammen. Ich straffe die Schultern. »Tut mir leid, Ella. Aber da gehen Sirius und ich nicht mit dir rein. Nie im Leben gehen wir da rein.«

»Wie bitte?« Meiner Cousine entgleisen die Gesichtszüge. »Wir sind doch extra durch die halbe Stadt gefahren! Nee, das glaub ich jetzt echt nicht! Gib dir einen Ruck, Franzi! Gönn deinem süßen Hundebaby doch auch mal ein kleines bisschen Spaß!«

»Sorry, Ella, aber nach Vergnügen sieht mir das nicht aus. Ich würde dich wirklich bitten, uns nun heimzufahren.«

Ella wirft beleidigt das Haar zurück. Mit zusammengepressten Lippen stapft sie zum Auto. Sirius hat sich derweil hinter meinen Beinen versteckt; ihm scheinen das Treiben auf diesem Spielplatz und meine Cousine gleichermaßen suspekt zu sein. Kluger Hund!

Ich überlege, ob ich einfach gehen oder der Rotgoldenen noch rasch zu Hilfe eilen soll. Sie tut mir so leid. Bei den Menschen in dieser Löwenarena wird es mich zwar nicht beliebt machen, wenn ich mich einmische – aber darf das ein Hinderungsgrund sein? Absolut nicht! Ich will gerade den Mund aufmachen, als die kleine Hündin selbst zum Gegenschlag ausholt. Mit der Kraft der Verzweiflung hat sie sich befreit, fletscht nun die Zähne und greift an. Mobber Nummer eins jault in schrillem Hundesopran kläglich auf, während Mobber Nummer zwei und drei sich eingeschüchtert trollen und das Weite suchen.

»Für Frauchen haben wir ein offenes Ohr.«

»Sie hat meinen Cujo gebissen!«, höre ich einen der Zweibeiner entsetzt schreien. »Mein armer Schatz! Hat sie dich schwer verletzt, die Böse?«

Jetzt hat's Ella eilig

»Oh Gott, warum hat sie das denn nur ... pfui, Tara! Pfui!« Taras Halterin, die sich die ganze Zeit über nicht um ihren Hund gekümmert hat, ist jetzt vor Schreck und Zorn außer sich. »Da komm her, du Hexe! Taaaara!« Die kleine Rotgoldene gehorcht, zieht den Schwanz ein und legt die Ohren an. Mit gesenktem Kopf trottet sie zu ihrem erbosten Frauchen, und sogleich bekommt sie kräftig was hinter die Löffel.

Ich möchte an dieser Stelle nicht wiederholen, was ich zu Taras und Cujos Menschen gesagt habe. Nur so viel: Es war unhöflich genug, um meine

Cousine Ella, die sonst nie um Worte verlegen ist, die ganze Rückfahrt über peinlich berührt schweigen zu lassen.

Aus dem geplanten Glas Tee in unserem Garten wird dann auch nichts mehr. Ella ist plötzlich in Eile, und gleich nachdem sie Sirius und mich zu Hause abgesetzt hat, düst sie Richtung Heimat.

Sehr traurig bin ich darüber nicht. Auch mein Mann wirkt erleichtert, als er Ella am Abend nicht bei uns vorfindet.

»Ist deine Cousine schon wieder weg?«, fragt er hoffnungsvoll.

»Meine Cousine *vierten Grades*«, betone ich. »Wir sind praktisch gar nicht verwandt. Und ja, sie ist weg.«

»Wusste die liebe Ella wieder alles besser?« Tim grinst. »Du hast doch bestimmt viele wertvolle Tipps für Noahs Erziehung bekommen!«

Ich seufze. »Nein. Diesmal war Sirius dran.«

Und dann erzähle ich ihm von unserem unerquicklichen Nachmittag.

Ein richtig guter Plan

Doch noch während mein Mann abwechselnd lacht und die Augen verdreht, schießt mir durch den Kopf, dass Ella – auch wenn es mir schwerfällt, das zuzugeben – leider nicht in *allem* unrecht hatte.

Denn die Sache mit Sirius' Sozialkontakten habe ich tatsächlich ein bisschen schleifen lassen.

Sirius ist ein Welpe, er braucht das Spielen und Toben im Freilauf – und zwar nicht nur mit uns Menschen, sondern auch mit seinesgleichen.

»Weißt du was?« Mein Gesicht hellt sich auf. »Morgen rufe ich bei den Römers an! Ich habe gehört, die haben jetzt auch einen Welpen.«

»Die Römers zwei Straßen weiter? Die früher diesen freundlichen alten Setter hatten?«, fragt mein Mann, und ich nicke eifrig.

»Jetzt scheinen sie einen jungen Retriever zu haben. Ich werde sie fragen, ob wir nicht mal zusammen spazieren gehen können.«

Das, finde ich, ist ein guter Plan.

Ein sehr guter Plan!

Und ich muss zugeben, dass ich ihn ohne meine Cousine vierten Grades wahrscheinlich nie gefasst hätte.

Danke, Ella! ✖

ANDRÉS EXPERTENRAT ZUM
FRÖHLICHEN FREILAUF

Authentischer kann man so ein Erlebnis kaum wiedergeben, denn genau diese Szenen spielen sich täglich auf unseren Hundefreilaufflächen ab! Natürlich meine ich nicht die anstrengenden Diskussionen mit Cousinen vierten Grades, sondern Hunde, die sich dort oft völlig selbst überlassen werden – und alle Konsequenzen, die sich daraus ergeben oder ergeben können:
Schwächere Hunde werden ungehindert gejagt, gemobbt, dominiert oder sogar angegriffen. Selbstverständlich nicht immer, aber eben häufig. Und jeder, der mit seinem Vierbeiner schon einmal auf einem solchen Spielplatz war, kann das sicher bestätigen. Franzi hat auf ihr Bauchgefühl gehört und alles richtig gemacht. So konnte sie Sirius vor einer unangenehmen Erfahrung bewahren!

HUNDESPIELPLÄTZE – EIGENTLICH EINE TOLLE SACHE

Wie steht es nun aber um Hundespielplätze? Sollte man sie generell meiden? Nein, auf keinen Fall. Und man sollte sie auch nicht grundlegend verdammen. Denn solche Areale oder Spielwiesen sind sehr sinnvolle Einrichtungen – vorausgesetzt, sie werden verantwortungsvoll und mit Rücksicht auf andere genutzt. Dann geben sie Hundehaltern die wertvolle Möglichkeit, ihre Hunde an Sozialkontakt zu gewöhnen und sie auch mal bedenkenlos von der Leine zu lassen. Das ist heutzutage nämlich keine Selbstverständlichkeit, da in vielen Städten Leinenpflicht herrscht.

Jede Party ist nur so gut wie ihre Gäste

Bevor Sie Ihren Welpen nun aber sorglos auf so einem Platz toben lassen, sollten Sie sich zunächst ansehen, wer dort gerade zu Gast ist – oder auch sein Unwesen treibt! Beobachten Sie den Hundespielplatz vor dem Betreten einfach für ein paar Minuten möglichst aufmerksam. Manchmal geht es dort zu wie in einer altrömischen Arena; die Stimmung ist also, milde ausgedrückt, explosiv.

Ist das der Fall, und wild gewordene Hundehorden machen das Areal unsicher, sollten Sie lieber weitergehen. Sie tun Ihrem Welpen mit diesem Freilauf keinen Gefallen und riskieren, dass er schlechte Erfahrungen sammelt – oder sogar böse verletzt wird.

ANDRÉS EXTRATIPP

Vor allem Welpen muss man vor unschönen Begegnungen mit anderen Hunden schützen. In dieser Lebensphase prägen sich negative Erfahrungen besonders tief ein. Das kann später zu Problemen führen, die manchmal irreversibel sind. Machen Sie also um aggressive Hunde einen möglichst weiten Bogen!

Vielleicht fragen Sie sich jetzt: Was genau sind denn negative Erfahrungen für meinen Welpen – wie kann ich sie erkennen oder vorhersehen und richtig einordnen? Eine negative Erfahrung ist ein Erlebnis, das Ihren Hund mental traumatisiert und/oder ihm körperlichen Schaden und somit Schmerzen zufügt.

Diese Erfahrung unterscheidet sich deutlich von disziplinierendem Verhalten, das man zwischen älteren Hunden und Welpen beobachten kann. Dabei weist Senior einen Junior, wenn dieser zu frech oder ungestüm agiert, meist kurz und knapp, aber sehr bestimmt in die Schranken. Das ist völlig normal und in Ordnung.

Schlechten Erfahrungen vorbeugen

Was aber tun, falls Ihrem Welpen auf einer Hundespielwiese mitten im Geschehen negative Erfahrungen drohen?

Wenn die oben beschriebenen Limits voraussichtlich oder tatsächlich überschritten werden, sollten Sie am besten direkt mit dem anderen Hundehalter kommunizieren: Er soll sich bitte unverzüglich um seinen Hund kümmern! Seien Sie dabei nicht hektisch, aber bestimmt in Ihrem Auftreten. Denn das häufig genannte Argument: »Die regeln das schon irgendwie unter sich«, ist inakzeptabel.

Schließlich wissen wir absolut gar nichts über den anderen Vierbeiner und die Ursachen seines aggressiven Verhaltens! Es ist übrigens auch nicht wirklich empfehlenswert, selbst einzugreifen, da
man Gefahr läuft, von dem fremden Hund gebissen zu werden.
Ist die Situation unter Kontrolle, untersucht man seinen Hund nach
Verletzungen. Lassen Sie sich im Zweifel Namen und Anschrift des
fremden Hundehalters geben. So sind Sie auf der sicheren Seite,
falls später gesundheitliche Probleme auftreten. Bringen Sie Ihren
Welpen anschließend rasch an einen sicheren Ort.

»Welpenschutz« – da war doch was?

Jetzt müssen Sie zukünftig nicht automatisch den Kontakt zu anderen Hunden meiden. Achten Sie aber darauf, dass die nächsten Begegnungen möglichst positiv und harmonisch verlaufen. So
werden eventuelle Ängste Ihres Welpen schnell wieder abgebaut
– oder entstehen im Idealfall erst gar nicht.
Apropos: Ich werde immer wieder gefragt, wie solche Situationen
überhaupt entstehen können, also trotz »Welpenschutz«? Darunter
versteht man landläufig eine hohe Toleranz und Beißhemmung erwachsener gegenüber jungen Hunden. Leider handelt es sich hier
um einen Mythos. Oder anders gesagt: Man kann und darf nicht
davon ausgehen, dass jeder erwachsene Hund sich so verhält. Diese Milde wird Welpen nur im eigenen Rudel oder von sehr gut
sozialisierten erwachsenen Tieren entgegengebracht.

Mein Fazit: Hören Sie auf Ihr Bauchgefühl

Freies, soziales Spielen ist wichtig und wertvoll für unsere Hunde.
Entsprechende Spielplätze sind dafür tolle Einrichtungen, wenn
man die »wilde Horde« im Blick behält. Denn unsere Fellnasen regeln nicht immer alles unter sich und benötigen hier und da unsere
Hilfe. Also, auch wenn die entfernte, hundelose Verwandtschaft unbekümmert zum Hundespielplatz drängt: Achten Sie einfach auf Ihr
Bauchgefühl und schicken Sie Ihren Hund nur dann ins Getümmel,
wenn Sie sicher sind, dass er dort auch echten Spaß hat!

JUNG & WILD!

»Viel schöner als Hundespielplätze findet auch unser Loki den Freilauf in der Natur!«

Julie Cense

13 TOLLEN BIS ZUR TOTALEN ERSCHÖPFUNG

Fast jeder Hundefreund hat schon einmal einen Border Collie gesehen und erlebt – und dabei eine Mischung aus Faszination, Mitleid und Sorge empfunden: Faszination, weil der Vierbeiner schnell wie eine Rakete und kompromisslos wie Cristiano Ronaldo dem Ball hinterherflitzt.

Mitleid, weil er dabei nicht wirklich glücklich und zufrieden aussieht, sondern vielmehr manisch besessen und getrieben.

Und Sorge, weil der Hund unmittelbar nach dem ersten Ballwurf den zweiten einfordert, dann den dritten, den vierten, den fünften … wenn möglich, bis zum Herzinfarkt!

EINE WISSENSCHAFT FÜR SICH

Balljunkies werden diese Hunde genannt, und tatsächlich handelt es sich wohl um eine Art von Sucht. Da süchtig zu sein, jedoch nicht sonderlich lustig ist (auch nicht für Border Collies), werden Bälle in unserem Haushalt nur wohldosiert zum Spielen eingesetzt. Wir lassen Sirius dem Ball nicht hinterherjagen, sondern bringen ihm stattdessen kleine Tricks damit bei. Somit machen wir spieletechnisch alles richtig – dachte ich.

Bis ich gestern Abend leider eines Besseren belehrt wurde.

Mein Mann und ich saßen gemütlich auf dem Sofa, er blätterte in seiner Zeitung, ich schmökerte in einem meiner Hundebücher, und alles war eitel Sonnenschein. Doch dann stieß ich in meinem Ratgeber auf folgende Aussage: »*Zerrspiele mit Welpen sollten ausnahmslos vermieden werden! Wer sich bereits mit seinem jungen Hund Gefechte um begehrte Beute liefert, braucht sich später nicht zu wundern, wenn der erwachsene Hund ihn zu dominieren versucht, Hausregeln infrage stellt und Ressourcen wie Futter und Spielzeug mit Knurren und Schnappen verteidigt.*«

Paff. Das hatte gesessen.

Denn wir spielen tagtäglich Zerrspiele mit Sirius, schon seit Wochen! Er liebt es, sich im Spiel mit uns zu messen, zu balgen, mit dem Tau davonzurennen und es uns dann wiederzubringen.

Offensichtlich ist dies aber genauso schädlich, wie Bälle am laufenden Band zu apportieren. Verdammt! Sind bei unserem Kleinen jetzt etwa Hopfen und Malz verloren? Haben wir gar nichts ahnend den Grundstein für Ungehorsam und gewalttätige Ressourcenverteidigung gelegt?!

»Ach was«, sagte mein Mann unbekümmert. »Das passt schon. Sirius ist doch eigentlich ganz anständig und brav.«

»Ja«, erwiderte ich besorgt. »Noch!«

»Komm schon, Franzi. Die Menschen haben zu allen Zeiten mit ihren Hunden gespielt, und nie haben sie daraus eine komplizierte Wissenschaft gemacht! Sirius wird schon nicht gleich zum Hooligan, nur weil wir manchmal Zerrspiele mit ihm veranstalten.«

Aber ich war mir da nicht so sicher. Nachdenklich blickte ich auf unseren Welpen, der gerade genüsslich an seinem Ball kaute, während sein Pfötchen besitzergreifend auf dem Spieltau ruhte. Und ich beschloss, gleich am nächsten Tag eine Fahrt in die »Futterschüssel« zu unternehmen.

Schwarmintelligenz

Die »Futterschüssel« ist unser Stamm-Hundegeschäft, das ich dem Internet vor allem aus zwei Gründen vorziehe: Erstens, man wird gut beraten (meistens). Zweitens, sie ist gut besucht (immer).

Letzteres hat zur Folge, dass man in der Regel warten muss, was mich in anderen Läden nervt, was in der »Futterschüssel« aber nur Vorteile hat! Denn während man so herumsteht, kommt man schnell und leicht mit anderen Kunden ins Gespräch und profitiert auf diese Weise ungemein von ihren Erfahrungen. Außerdem macht das Fachsimpeln über Ochsenziemer oder getrockneten Straußenschlund, Leinen aus Leder oder Biothane, Barf oder Trockenfutter einfach Spaß! Wo also, denke ich frohgemut, als ich am nächsten Tag die »Futterschüssel« betrete, könnte ich verlässlicheren Rat zu Bällen, Spieltau & Co. erhalten als hier?

Schnurstracks marschiere ich zu dem langen Regal mit den Spielzeugen. Wie erwartet, tummeln sich davor bereits etliche Kunden. Sehr gut!

Um ein erstes Gespräch in Gang zu bringen, greife ich im mittleren Regal nach einem neongrünen Quietsche-Hasen und begutachte ihn von allen Seiten. Es funktioniert sofort.

»Vorsicht. Den würde ich nicht nehmen!«, sagt die junge Frau neben mir. »Bei dem ständigen Gequietsche wird man echt verrückt!«

»Vor allem wird der *Hund* verrückt!«, mischt sich eine Ältere ein. »Wenn Sie mich fragen, sollte Quietsche-Spielzeug komplett verboten werden.«

Ich gehorche, hänge den Hasen rasch zurück an seinen Haken und blicke die beiden Damen erwartungsvoll an.

»Kaufen Sie doch lieber ein Tau«, rät mir die Jüngere sogleich. »Zerrspiele sind immer gut! Denn dabei ist Ihr Hund gezwungen, Sie anzusehen, und das fördert die Bindung.«

»Ach so? Eigentlich hatte ich gelesen…«

»Entschuldigung«, sagt die Ältere streng zu der Jüngeren, »aber was Sie da von sich geben, ist wirklich totaler Quatsch!«

Spielen ohne Schnickschnack?

Zielsicher zieht sie einen Apportier-Dummy vom benachbarten Haken und reicht ihn mir. »Bindung entsteht vor allem durch Training. Das Beste ist, Sie bringen Ihrem Hund das Apportieren bei. Sie werden sehen, dann brauchen Sie überhaupt nicht mehr mit ihm zu spielen!«

Wie lange diese Stoffmaus wohl unversehrt bleibt? Ihr Blick lässt es erahnen…

»Wieso? Spielen ist super!«, meldet sich ein muskelbepackter Mann Mitte zwanzig zu Wort. »Nehmen Sie doch einfach Ihren Körper, spielen Sie wie ein Hund! Spielzeuge braucht kein Mensch und ein Vierbeiner schon gar nicht. Das ist doch alles nur Geldmacherei.«

Ich starre den Muskelprotz an, vor allem die langen, blutroten Schrammen, die sich verwegen über die Tattoos an seinen Unterarmen ziehen. Wie, um Himmels willen, spielt dieser Kerl mit seinem Hund?

»Sie, junger Mann«, bemerkt die Ältere spitz, »sind nicht gerade eine gute Werbung für diese seltsame Idee. Sehen Sie sich doch mal an, Sie sind ja zerkratzt wie eine alte Bratpfanne!«

Da muss ein Fachmann her

»Ey, das war nicht mein Hund.« Der Muskelprotz grinst. »Das war meine Freundin. Die hat ordentlich Temperament, wenn sie in Fahrt kommt!«

Der Älteren bleibt die Spucke weg. Die Jüngere kichert.

Und ich selbst gestehe mir widerwillig ein, dass man von anderen Hundehaltern zwar auf viele Fragen gute Antworten bekommt – aber eben doch nicht auf alle. Schade!

»Kann ich helfen?«, höre ich hinter mir die Stimme des Verkäufers.

Erleichtert rufe ich aus: »Oh ja!« Denn wenn sich hier jemand *wirklich* in Sachen Spielzeug auskennt, dann ja wohl er?

»Also, ich suche ein Spielzeug für meinen jungen Border Collie. Es sollte etwas sein, das ihm nicht schadet, das nicht quietscht, das weder ihn noch mich verrückt macht, das er später nicht mit Schnappen und Knurren verteidigt und das …«

»Hm. So etwas führen wir nicht.« Der Verkäufer rückt seine schmale, randlose Brille zurecht. »Aber werfen Sie Ihrem Hund doch einfach einen Tennisball. Border Collies lieben Tennisbälle, das weiß doch jeder!«

Schwach bedanke ich mich für die Belehrung. Und dann kaufe ich aus Höflichkeit … eine Tüte Leckerchen. ➤

ANDRÉS EXPERTENRAT ZUM THEMA
SPIELEN UND HUNDESPIELZEUG

Bei der Fülle an Spielsachen, die mittlerweile im Handel angeboten werden, kann man schnell den Überblick verlieren. In diesem Kapitel will ich Ihnen daher Hundespielzeug und andere Spielmöglichkeiten vorstellen, die sich in meinen Augen bewährt haben.

BESCHÄFTIGUNG FÜR KÖRPER UND GEIST

Ich beginne gleich mit meinem Favoriten, der Suche! Hunde sind Nasenarbeiter; Suchspiele halten daher jeden Vierbeiner bei Laune. Nach 15–20 Minuten intensiver Suche fallen die meisten Hunde erschöpft, aber glücklich in ihr Körbchen. Das Schöne an dieser Beschäftigungsmöglichkeit: Sie kommt für nahezu alle Rassen und Altersklassen infrage – vom Welpen bis zum Senior.

Am einfachsten ist es, wenn Sie die Suche mitsamt Signal zunächst über belohnendes Futter aufbauen. Dafür benötigen Sie nur ein paar Leckerchen, die richtig gut riechen. Bestens geeignet sind beispielsweise Fleischwurststückchen. Legen Sie ein solches Wurststück zwei Meter von Ihrem Welpen entfernt auf den Boden und schicken Sie ihn dann mit dem Wort »Such« dorthin.

Das Suchspiel hat die Nase vorn

Im ersten Schritt geht es darum, dass Ihr Hund das Signal »Such« hört und dann auf die Fleischwurst zusteuert. Im nächsten Schritt wiederholen Sie das Prozedere, platzieren den Leckerbissen aber nach und nach etwas weiter entfernt auf dem Boden. Falls Ihr Hund schon beim Ablegen der Wurst nervös wird und nicht im »Platz« ausharrt, können Sie ihn mit einer Leine fixieren.

Nach ein paar Wiederholungen werden Sie merken, dass es jetzt auch schon möglich ist, die Fleischwurst um die Ecke zu verstecken. Ihr Hund wird direkt loslaufen, um die Köstlichkeit mit seiner Nase aufzuspüren. Et voilà, das ging doch eigentlich fix: Schon haben Sie Ihrem Hund die Suche beigebracht!

Alternativ können Sie für diese Übung übrigens auch mit einem klassischen Spielzeug arbeiten. Es sollte jedoch, zumindest anfangs, eines sein, das sich mit Futter befüllen lässt. Damit steigern Sie die Motivation Ihres Hundes und erzielen schneller Erfolge.

Spielerischer Gehorsam

Eine weitere Möglichkeit, Ihren Hund zu beschäftigen, ist der Kommunikationsaufbau selbst. Das Trainieren von »Sitz«, »Platz«, »Hier« oder anderer Grundsignale ist keine reine Fleißarbeit, sondern eine tolle Auslastungsmöglichkeit, die Sie auch spielerisch gestalten können. Der Kommunikationsaufbau verlangt Ihrem Hund einiges an Konzentration und Disziplin ab. Er wird dabei also vor allem mental gefordert und steigert zusätzlich seine Impulskontrolle.

ANDRÉS EXTRATIPP

Auf den Punkt gebracht: Empfehlenswertes Hundespielzeug ist beißfest, ungiftig, birgt kein Verletzungsrisiko und quietscht nicht! Ungeeignetes Hundespielzeug besteht aus giftigem Material (z. B. die Oberfläche von Tennisbällen), ist fragil, so klein, dass es verschluckt werden könnte, und birgt ein hohes Verletzungsrisiko – etwa durch spitze Ecken und scharfe Kanten.

Intelligenzspiele und Apportieren

Eine ebenfalls sinnvolle Beschäftigungsmöglichkeit sind Intelligenzspiele. Es gibt sie in unzähligen Varianten; meist sind sie so aufgebaut, dass der Hund tüfteln und verschiedene Lösungswege ausprobieren muss, um an seine Belohnung zu gelangen. So etwas kann man selbst basteln oder fertig im Fachhandel kaufen. Auch im Internet findet man viele Anregungen.

Für die körperliche Auslastung eines Hundes eignet sich das Apportieren sehr gut. Dies können Sie Ihrem Hund bereits im Welpenalter mit ersten spielerischen Übungen beibringen.

Am einfachsten lässt sich das Apportieren mit einem Futter-Dummy aufbauen. Dabei handelt es sich um eine Art Beutel, der sich mit Leckerchen befüllen lässt. Hier eine kleine Übungsanleitung:

PRAXISÜBUNG → APPORTIEREN

Befestigen Sie zunächst eine 3–5 Meter lange Schleppleine am Brustgeschirr Ihres Welpen. Lassen Sie den Hund jetzt einmal kurz aus dem Futter-Dummy fressen, dann verschließen Sie ihn wieder.

★ Werfen Sie den Futter-Dummy etwa einen Meter nach vorne und schicken Sie Ihren Welpen mit dem Wort »Apport!« oder »Hol´s!« zum Dummy.

★ Gehen Sie nun in die Hocke und motivieren Sie Ihren Hund, zu Ihnen zurückzukommen. Nutzen Sie dabei Ihre Stimme.

★ Wenn Ihr Hund bereits jetzt mit dem Dummy zu Ihnen zurückkommt, belohnen Sie ihn sofort, indem Sie ihn aus dem Futter-Dummy fressen lassen.

★ Bei manchen Hunden braucht man hier etwas Geduld – bei anderen wiederum klappt es fast wie von selbst.

Wie auch immer sich Ihr Hund bei dieser Übung schlägt – die Mühe lohnt sich! Denn das Apportieren können Sie später vielfältig als Spiel- und Beschäftigungsmöglichkeit nutzen.

Zerrspiele – mehr Frust als Lust

Beim Thema Zerrspiele scheiden sich wirklich die Geister. Ich persönlich vermeide sie und rate auch anderen Hundehaltern davon ab. Denn viele Vierbeiner werden vom Reißen und Zerren stark aufgeputscht und zeigen dann oftmals ein recht grobes, aufbrausendes und somit unangenehmes Spielverhalten.

Auch für Familien können häufige Zerrspiele zur Belastung werden, weil der Hund plötzlich an allem zerrt, was man ihm wegnehmen möchte. Kurz gesagt: Für die langfristige Entwicklung Ihres Welpen ist es besser, auf andere Spiele zurückzugreifen. Und davon gibt es ja zum Glück jede Menge!

Bälle – nicht immer eine runde Sache
Das Bällewerfen ist wahrscheinlich die populärste und häufigste Variante, einen Hund zu beschäftigen. Generell spricht auch nichts dagegen, dass Ihr Hund Bällen nachjagt und sie dann (hoffentlich) wiederbringt. Man muss dabei jedoch zwei Punkte beachten:

1. Es dürfen keine Tennisbälle sein, denn ihre Oberfläche enthält Giftstoffe, die dem Hund schaden.
2. Mit Hunden, die zu einem »Junkie-Verhalten« neigen, sollte man nicht Ball spielen. Dazu zählen etwa Hütehundrassen wie Border Collie und Australian Shepherd.

Der letzte Punkt ist allerdings nicht nur rasseabhängig. Wenn eine Fellnase nach ein paar Spieleinheiten alles um sich herum vergisst, also nur noch Augen für den Ball hat, und sich dieses Verhalten exzessiv steigert, sollte man auf Ballspiele verzichten.

Stöckchen – ein riskantes Vergnügen
Beim letzten Punkt kann ich mich kurzfassen: Vom ebenfalls beliebten Stöckchenwerfen ist dringend abzuraten! Landet der Stock nämlich aufgespießt im Boden, kann er dem Hund, der sich auf ihn stürzt, schwere Verletzungen in Maul und Schlund zufügen.
Spielen ist wichtig und soll Spaß machen – und das ohne Risiko. Im Idealfall werden sogar die Konzentrationsfähigkeit, Impulskontrolle und die Bindung des Hundes gefördert. Wer auf geeignetes Spielzeug und bewährte Methoden zurückgreift, behält den Überblick. Und beim Plausch im Hundefachgeschäft kann man sein Wissen dann auch guten Gewissens weitergeben!

14

EHRLICH, DAS MACHT DER SONST NIE!

Sirius ist nun beinahe vier Monate alt, und ich finde, er hat schon eine ganze Menge gelernt. Meiner Meinung nach ist er auf dem besten Weg zum braven Familienhund, und so wagen wir uns heute in ein kleines Abenteuer: Wir besuchen Noahs Kindergartenkumpel und dessen Mutter. Und Sirius nehmen wir – wie könnte es anders sein – mit!

Keine gute Idee.

Denn das mit dem »braven Familienhund« nimmt zwar Form und Gestalt an. Leider reichen all die verheißungsvollen Fortschritte jedoch bei Weitem noch nicht aus, um einen entspannten Nachmittag mit hundelosen Menschen, Kindern und Kuchen zu verbringen. Aber von vorne…

BISKUIT – EINFACH UNWIDERSTEHLICH!

Noahs Kumpel Finn wohnt mit seinen Eltern in einer hübschen Doppelhaushälfte am Stadtrand. Die Aprilsonne strahlt frühlingshaft warm vom Himmel, Finns Mutter Verena hat den Kaffeetisch auf der Terrasse gedeckt, und da sie leidenschaftlich gerne backt, quillt der Tisch über von Biskuitroulade, liebevoll verzierten Muffins, daumendicken Nussecken und Vanillekuchen in Osterhasenform.

»Mmmmmh, lecker«, schreit Noah und stürzt sich auf einen der Muffins.

»Mama, warum backst du nie so tolle Sachen?«

Verena lacht geschmeichelt. »Ich bin sicher, deine Mutter kann andere Dinge gut. Es muss ja nicht jeder ein Händchen fürs Backen haben!«

»Stimmt«, sagt Noah mit vollem Mund. »Mama kann super kochen! Am besten schmecken ihre Fischstäbchen.«

Verena lacht wieder, jetzt klingt es allerdings eine Spur verächtlich.

»Fischstäbchen? Noah, du kleiner Schwindler, das glaube ich nicht! Deine Mutter kocht doch sicherlich nicht mit Fertigprodukten… oder?«

»Juhu, ich habe wunderschöne Sommersprossen auf meinem Welpenfell!«

Sie blickt mich fragend an, doch ich verspüre wenig Lust, in einen Super-mama-Wettstreit einzusteigen, zumal ich gegen Verena sowieso keine Chance hätte. Statt also aufzuzählen, was ich außer Fischstäbchen noch so alles am Herd gebacken kriege (Nudeln mit Tomatensoße, Spiegelei mit Spinat, Arme Ritter …), lenke ich die Unterhaltung rasch auf Sirius.

»Finn, wie findest du denn unseren Welpen?«, wende ich mich an Verenas Sohn. »Soll er dir vielleicht mal Pfötchen geben?«

»Oh, bitte *nicht* vor dem Essen!«, sagt Verena streng und zieht die Mundwinkel nach unten. »Apropos, Finn: Hast du dir eigentlich die Hände gewaschen, nachdem du Sirius gestreichelt hast?«

(K)ein Herz für Bienen

Ich verdrehe innerlich die Augen. Finn hat Angst vor Hunden, deshalb hat er Sirius zur Begrüßung nur mit den Fingerspitzen berührt, und das kaum eine Sekunde lang. Trotzdem trottet er nun artig ins Haus, um sich die Hände zu waschen (und wahrscheinlich auch gleich zu desinfizieren).

»Muss ich auch, Mama?«, fragt Noah.

»Besser wär's«, antwortet Verena an meiner Stelle.

Ich beginne mich zu fragen, weshalb ich diesen Besuch eigentlich für eine gute Idee gehalten hatte. Ach ja, richtig: Noah und Finn sind befreundet. Verena und ich nicht, und jetzt weiß ich auch wieder, warum.

»Sag mal, meine Liebe«, Verena blickt mit zusammengekniffenen Augen in ihren Garten, »was *macht* dein Hund da? Jagt der etwa Bienen?«

Oje, sie hat recht! Eine Minute nicht aufgepasst, und schon hat sich mein Welpe selbstständig gemacht.

Kleine Zunge – große Versuchung.

»Sirius!«, rufe ich alarmiert und eile durch den Garten. »Das sollst du doch nicht! Was, wenn die Biene dich ins Maul sticht?«

»Und was, wenn er die Biene *frisst?*«, blökt Verena vom Kaffeetisch aus. »Das arme Tierchen! Ist das Bienensterben nicht schon schlimm genug, auch ohne bienenfressende Border Collies? Wirklich, Franziska, ihr solltet euren Welpen ein kleines bisschen umweltbewusster erziehen!«

Ich beiße die Zähne zusammen.

Wortlos trage ich Sirius zurück auf die Terrasse. Dort nehme ich ihn an die Leine und schlinge selbige um mein Stuhlbein.

Frechdachs auf Beutezug

»So, jetzt dürfte nichts mehr passieren.« Ich bete innerlich, dass das auch stimmt. »Darf ich mir einen Kaffee einschenken?«

»Aber natürlich. Warte, ich mache das! Mit Zucker?«

»Mit Milch, bitte. Noah, hörst du mal auf zu essen? Das ist dein dritter Muffin, so langsam reicht es.«

»Ach, lass ihn doch.« Ungerührt schiebt Verena jedem der Jungs eine Scheibe Biskuitroulade auf den Teller. »Guten Appetit, ihr zwei!«

Und in diesem Augenblick passiert es.

Schneller, als ich gucken kann, springt Sirius auf Noahs Schoß – Mist, ich hätte die Leine kürzer einstellen sollen! –, und happs, landet ein fettes Stück Biskuitroulade in seinem Maul. Während Verena aufschreit und Noah und Finn laut lachen, springe ich vom Stuhl und schnappe mir mit hochroten Wangen meinen kleinen Frechdachs.

Ein ganz neuer Look für Verena

»Das macht der sonst nie, ehrlich!«, verteidige ich Sirius – oder auch mich? – mit dünner Stimme.

»Schon gut«, presst Verena hervor. »Jungs, ich hole euch frische Teller. Von denen hier könnt ihr nicht mehr essen, der Hund hat ja über den ganzen Tisch gesabbert!«

Das stimmt so zwar nicht, doch beim Anblick von Sirius' Sahnemäulchen fühle ich mich auch nicht wirklich in der Position zu widersprechen.

Verena rauscht ab in die Küche.

»Der Sirius ist cool«, sagt Finn anerkennend zu Noah. »Ich glaub, ich hab gar keine Angst mehr vor dem.«

»Brauchst du auch nicht«, antwortet Noah. »Mama, lässt du Sirius mal los? Ich will Finn was zeigen.«

Nur äußerst ungern überreiche ich meinem Sohn den Welpen. Wer weiß schon, was Sirius noch ausheckt, um mich vor Verena zu blamieren? Keine halbe Minute später erfahre ich es.

Denn Noah greift in die Hosentasche und zaubert ein Leckerchen hervor, um es dann in weitem Bogen mit einem enthusiastischen »Sirius, such!« in ein frisch umgegrabenes Gemüsebeet zu werfen.

Wie der Blitz ist Sirius dort, findet das Leckerchen und rast dann mit erdverschmierten Pfoten zurück auf die Terrasse. Und während ich noch verzweifelt rufe: »Zu mir, Sirius! ZU MIR!«, springt er auch schon freudig an Verena hoch, die vor Schreck die frischen Teller fallen lässt.

Das Geschirr zerschellt, Verenas cremeweiße Hose ist mit braunen Pfotenabdrücken verziert, und mein Welpe hüpft mit begeistertem Bellen um uns herum, während die Jungs kichern, Verena schimpft und ich mich im Bemühen, möglichst schnell die Scherben aufzusammeln, tief in den Zeigefinger schneide. Blut tropft auf den schönen, hellen Terrassenboden.

Auf dem Heimweg sagt Noah: »Das war aber ein lustiger Nachmittag.«
»Lustig?« Ich seufze. »Es war peinlich. Sirius hat alles gemacht, was er
nicht darf: Bienen gefangen, Essen vom Tisch geklaut, Menschen angesprungen und dabei Kleidung eingesaut.«

»Der Arme darf doch noch viel mehr nicht!«, widerspricht mein Sohn.
»Beißen, Spielzeug kaputt machen, Möbel anknabbern, weglaufen … das
alles hat er bei Finn *nicht* gemacht. Ich finde, er war sehr brav!«

»Na ja.«

»Nur schade, dass wir so schnell wieder gehen mussten«, fährt mein Sohn
bedauernd fort. »Die Biskuitroulade sah so lecker aus, und ich konnte sie
gar nicht probieren. Blöd, dass Sirius nicht sprechen kann, sonst könnte er
uns erzählen, wie sie geschmeckt hat!«

Mein Sohn und ich schauen uns an. Der Nachmittag ist mir immer noch
peinlich, trotzdem muss ich plötzlich lachen. Sirius stimmt mit hellem
Bellen ein … und natürlich springt er dabei *nicht* an mir hoch.

Keine Ahnung, warum er es bei Verena getan hat. Denn es ist die Wahrheit und nichts als die Wahrheit: Das macht der sonst nie! ✦

ANDRÉS EXPERTENRAT ZU VERBREITETEN
UNARTEN UND WIE MAN IHNEN BEIKOMMT

Also, ein fröhlicher Kaffeeklatsch sieht anders aus – zumindest aus
Franziskas Perspektive. Die Ärmste! Aber wir wären wahrscheinlich
alle vor Scham im Erdboden versunken, wenn sich unsere kleine
Fellnase ähnlich wie Sirius verhalten hätte.

SCHLUSS MIT SCHÜCHTERN

Nachdem wir die ersten Wochen mit unserem Welpen verbracht
haben, ahnen wir langsam, welches Potenzial in ihm steckt. Anfangs war er vielleicht noch schüchtern und zurückhaltend, doch
das ist jetzt vorbei! Unser Hund wird mutiger, benötigt weniger und

kürzere Ruhephasen. Gleichzeitig nimmt sein Interesse an Außenreizen zu. Dinge, die ihm früher eher gleichgültig waren, fordern nun seine ganze Aufmerksamkeit. Oft handelt es sich dabei jedoch um Dinge, bei denen uns das gar nicht so gut gefällt:

→ Beim Spazierengehen werden fremde Menschen schwungvoll auf Augenhöhe begrüßt.
→ Zu Hunden, die uns entgegenkommen, werden wir an der Leine mit voller Freude und Kraft hingezogen.
→ Unser Welpe lebt beim Buddeln im Blumenbeet plötzlich seine neue Leidenschaft fürs Gärtnern aus.
→ Fußgänger werden am Gartenzaun in die Flucht geschlagen.
→ Papas Leberwurstbrot wird wie selbstverständlich vom Frühstückstisch stibitzt.

In diesem Kapitel verrate ich Ihnen, wie Sie Ihren Welpen mit viel Liebe, der nötigen Geduld und ein paar nützlichen Fertigkeiten wieder auf Kurs bringen.

Mit allen vieren am Boden bleiben

Wir beginnen mit einem weitverbreiteten Problem, und zwar mit dem Anspringen. Wie bei fast allen Verhaltensauffälligkeiten ist es auch bei dieser wichtig, zunächst die Motivation unseres Hundes herauszufinden: Was möchte er mit seinem Verhalten erreichen? Na klar, es geht ihm in erster Linie um unsere Aufmerksamkeit! Wenn er diese nun bekommt (wir freuen uns, sind überrascht oder verärgert), ist er am Ziel. Auch negative Aufmerksamkeit wirkt oftmals belohnend (→ Seite 66). Gewiss, einige Hunde lassen sich durch Tadel und Schimpfen zurechtweisen. Doch meistens erreicht man damit das Gegenteil: Sie springen weiter! Um das Problem in den Griff zu bekommen, genügt es, dem Hund die Aufmerksamkeit zu entziehen. Und zwar genau in jenem Moment, in dem er hochspringt! Dazu streift man ihn einfach sachte ab und ignoriert ihn dann.

Im Gegenzug schenkt man ihm die volle Aufmerksamkeit, wenn er mit allen vieren auf dem Boden bleibt. Entscheidend ist dabei die konsequente Umsetzung: Wenn Sie 14 Tage wie eben beschrieben »am Ball bleiben«, löst sich das Problem meist von selbst auf.

Werden allerdings Fremde beim Gassigehen angesprungen, ist es notwendig, den Hund eine gewisse Zeit lang (circa 2–4 Wochen) an der Leine zu führen. Je nach Situation, Umgebung und Anzahl der Menschen nutzt man dazu entweder eine Zwei-Meter-Führleine oder eine Fünf-Meter-Schleppleine. Mithilfe der Leinen verhindert man, dass das unerwünschte Verhalten erfolgreich ist. Der Welpe wird es dann in der Regel nach einiger Zeit einstellen.

Buddeln und Bienenjagd

Sirius hat sich in unserer Geschichte brennend für die Bienenjagd und das Löchergraben interessiert. Um diese Probleme in den Griff zu bekommen, ist es wichtig, den Welpen nicht frei und unkontrolliert im Garten laufen zu lassen. Eine Leine oder das Abtrennen bestimmter Gartenteile führen hier oft schon zum Erfolg. Lässt der Hund das Jagen und Buddeln trotzdem nicht bleiben, kann man das zuvor trainierte Signal »Schluss« (→ Seite 89) nutzen, um das unerwünschte Verhalten zu beenden und aufzulösen.

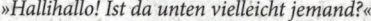

»Hallihallo! Ist da unten vielleicht jemand?«

Beim Thema Korrekturen fragen sich nun viele, wie man seinem Hund denn am besten beibringen kann, dass er etwas falsch gemacht hat? Dazu gibt es unzählige Anleitungen und Ideen.

ANDRÉS EXTRATIPP

Viel sinnvoller als die Korrektur unerwünschter Verhaltensweisen ist es, sich auf das erwünschte Verhalten zu konzentrieren. Wir können es belohnen und somit verstärken! Im Idealfall liegt unser Fokus zu 90 Prozent auf erwünschtem Verhalten und nur zu zehn Prozent auf der Fehlerkorrektur. Die meisten Menschen machen es leider genau umgekehrt: Sie sanktionieren alles, was der Hund nicht tun soll – und vergessen dabei, das erwünschte Verhalten zu belohnen und zu fördern!

Grundsätzlich tabu sind natürlich alle Ansätze, die Schmerzen und Leid auslösen. Diese Erziehungsmethoden sind allesamt überholt und tierethisch inakzeptabel. Heute haben wir vollkommen gewaltfreie und effektive Möglichkeiten, die wir nutzen können.

Nicht reagieren ist oft die beste Reaktion

Eine davon ist das vollständige Ignorieren: Viele »Marotten« lösen sich auf, wenn ein Hund dafür kein Feedback bekommt. Damit meine ich natürlich nicht, dass Sie stundenlang über unliebsames Verhalten hinwegsehen sollen. Führt das Ignorieren nicht zum Erfolg, empfiehlt sich die aktive Korrektur, etwa über das Schluss-Signal. Diese muss aber immer zur Situation und auch zum Charakter des Hundes passen: Während bei Bello das Ignorieren am besten funktioniert, klappt es bei Kira in gleicher Situation mit dem aufkonditionierten Schluss-Signal besser. Probieren Sie es einfach aus!
Und noch ein Tipp: Sollten Sie mit Ihrer Fellnase zu Kaffee und Kuchen eingeladen werden, achten Sie einfach darauf, dass Sie es mit möglichst hundefreundlichen Gastgebern zu tun haben!

15 WELPENSCHULE ODER FREMDENLEGION?

Nach unserem unangenehmen Erlebnis in der Welpenspielgruppe haben Sirius und ich um Hundeplätze einen großen Bogen gemacht. Für seine Sozialkontakte gehen wir mittlerweile regelmäßig mit Römers und ihrem Retriever spazieren. Und zusätzlich noch in ein beliebtes Auslaufgebiet. Die Grundkommandos üben wir ganz einfach zu Hause.

Trotzdem werde ich stets ein wenig unruhig, sobald das Thema »Hunde-schule« zur Sprache kommt. Denn jede Fellnase um uns herum scheint eine solche Einrichtung zu besuchen: Welpen gehen in die Welpenspiel-gruppe, Junghunde in die Junghund-Gruppe, danach wechselt Hund in die Basic-Gruppe – und schließlich zu den Fortgeschrittenen.

Es folgen diverse Prüfungen, nach denen Hund und Halter in höhere Sphären aufsteigen dürfen oder, im Versagensfall, den letzten Kurs noch einmal wiederholen müssen. Und ist all dies geschafft, ist längst nicht Schluss. Denn der Weg hinauf zum Hunde-Olymp ist steinig und weit! Ich muss gestehen, für mich klingt das nach Stress pur.

Klar, auch wir wollen Sirius möglichst gut erziehen, aber muss er dafür wirklich von der Wiege bis zur Bahre die Hundeschulbank drücken?!

VON PONTIUS ZU PILATUS

»Sieh dir doch ein paar Trainer an, wenn du unsicher bist, ob du Sirius richtig trainierst«, rät mir meine Freundin (die übrigens Katzen hält und beim Thema Erziehung deshalb völlig entspannt ist). »Dann kannst du dich immer noch entscheiden, ob so ein Hundekurs was für euch ist.«

Gute Idee! Ich stürze mich in die Recherche. Flott sind fünf Hundetrainer gefunden, und sie alle darf ich gleich am Wochenende kennenlernen. Frohgemut mache ich mich am Sonntag auf den Weg.

Doch der erste Dämpfer lässt nicht lange auf sich warten.

»Sie hatten bisher noch gar keinen Trainer? Ojemine!«, moniert Experte Nummer eins ungnädig. »Also, bevor ich *Sie* in eine meiner laufenden Gruppen aufnehmen kann, müssen Sie bei mir mindestens vier Einzelstunden buchen. Besser wären sechs, ich sag's Ihnen lieber gleich und ganz ehrlich. Bei sooo geringen Vorkenntnissen …«
Sechsmal fünfzig Euro, und das nur, damit ich mit meinem Welpen in eine seiner Gruppen einsteigen darf? Okay.

Bar oder lieber mit Karte?

Ich verzichte dankend und fahre zu Hundeschule Nummer zwei.
Leider ist man dort noch geschäftstüchtiger. Der Trainer lässt mich sogleich wissen, dass mein Welpe *niemals* mit Geschirr, sondern *immer* mit einem speziellen Halsband zu kommen habe, das ich praktischerweise gleich hier und jetzt erwerben könne. Die passende Leine bräuchte ich übrigens auch noch. Und das passende Buch. Und das passende Spielzeug … und ob ich lieber bar zahlen wolle oder mit Karte?
Ich hake auch Nummer zwei von meiner Liste ab. Nun hoffe ich auf Hundeschule Nummer drei. Die wird besser, ganz bestimmt!
Doch der dritten Trainerin scheint ausgerechnet heute eine Laus über die Leber gelaufen zu sein. Schon nach wenigen Minuten lästert sie ungefragt

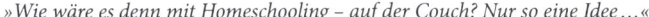

»Wie wäre es denn mit Homeschooling – auf der Couch? Nur so eine Idee …«

und unverblümt über ihre Kundschaft ab. Dermaßen unfähig seien die Leute, dass man ihnen am besten die Hunde wegnehmen sollte! Und zwar allen, unverzüglich! Heilfroh, dass ich meinen Sirius zu Hause gelassen habe, ergreife ich die Flucht.

Der vierte Trainer hat zum Glück nichts gegen seine Kunden. Leider aber gegen deren Hunde. Diese unbeugsamen Biester! Allesamt bräuchten die eine starke Hand. »Sonst lernen die doch nie, wer Herr im Hause ist!« Im Übrigen sei es äußerst schade, dass elektrische Erziehungshalsbänder (»Telis, Sie wissen schon…«) jetzt verboten seien. Er selbst habe phänomenale Erfolge mit den Geräten erzielt, damals, als die Tierschützer noch nicht alles infiltriert hätten! Ach ja, die guten alten Zeiten…

Schaudernd frage ich mich, warum der Mann ausgerechnet Hundetrainer geworden ist; Ausbilder bei der Fremdenlegion hätte besser zu seinem Naturell gepasst. Sirius und mich jedenfalls wird er in seinen Kursen nicht zu sehen bekommen. Und so fahre ich, ernüchtert und ohne große Hoffnungen, zur allerletzten Hundeschule, die noch auf meiner Liste steht.

Theoretisch geht's auch anders

Und dort, hurra, fühle ich mich von Anfang an so richtig wohl! Die Trainerin wirkt sympathisch, unkompliziert und sehr erfahren. Sie ist freundlich zu Menschen und liebevoll zu Hunden, und ich bin absolut begeistert. Hier, genau hier, gehören Sirius und ich hin!

Theoretisch. Praktisch kommen wir leider nur auf die Warteliste.

Denn natürlich finde nicht nur ich diese Trainerin toll – und somit sind ihre Kurse bereits über die nächsten Monate komplett ausgebucht.

»Na, wie war's?«, fragt Tim munter, als ich nach Hause komme.

»Totaler Reinfall!«

Ich werfe meinen Schlüsselbund auf den Küchentisch, erzähle meinem Mann von Pleiten, Pech und Pannen und schließe missmutig: »Was machen wir denn jetzt? Wahrscheinlich müssen wir ewig warten, bis wir bei der netten Trainerin einen Platz bekommen. Aber zu den anderen… nein, das tue ich Sirius nicht an! Und mir auch nicht.«

»Was spricht denn überhaupt dagegen, dass wir weiter hier zu Hause mit dem Kleinen üben?«

»Na ja.« Ich zucke die Schultern, und meine Stirn legt sich in Falten. »*Alle*
gehen doch mit ihren Hunden zur Hundeschule!«
»Und *alle* Hunde gehorchen super, oder?« Tim grinst. »Foxi von nebenan
bellt niemals. Luna von drüben haut nicht alle zwei Tage ab. Blacky hat
seinen Besitzer noch nie in die Hand gebissen und …«
»Schon gut, ich hab's kapiert.«
Ich muss lachen, und mein Mann lacht mit.
Was ein bisschen fies von uns ist, weil Foxis Frauchen schon mehrmals
wegen permanenter Ruhestörung verklagt wurde (nicht von uns!), die
Kinder aus Lunas Familie ständig heulen (»Die Luna ist schon wi-hi-hie-
der weg!«) und Blackys Besitzer an sechs von sieben Tagen mit blutigen
Wundkompressen an Armen oder Beinen herumläuft.
In welche Hundeschule die wohl alle gehen?
Das muss ich sie glatt mal fragen. 🦴

ANDRÉS EXPERTENRAT ZUR
FRUSTFREIEN AUSBILDUNG EINES HUNDES

Unsere Geschichte ist zwar Fiktion, aber die beschriebenen Trainer-
persönlichkeiten gibt es wirklich! Wie geht man also an die Sache
heran? Braucht es überhaupt eine Hundeschule vor Ort? Funktionieren auch Online-Angebote? Und wie sehen vernünftige Trai-
ningsansätze aus, die einen glücklichen und sorgenfreien Alltag mit
Hund ermöglichen? Denn darauf kommt es vielen am Ende an.

WELCHES ZIEL VERFOLGEN SIE?

Die Frage ist, wie viel Training und Erziehung mindestens nötig
sind, um dieses Level zu erreichen? Achtung: Ich spreche hier über
die Ausbildung eines »normalen« Familienhundes, mit dem wir
entspannt unseren Alltag teilen. Natürlich gibt es auch Hundemen-
schen, die weitaus ambitioniertere Ziele verfolgen. Dazu zählen

etwa sportliche Wettkämpfe, Arbeitsaufgaben und andere Spezia-
lisierungen. Hier liegen die Ansprüche und Messlatten deutlich hö-
her, und die Ausbildung ist entsprechend umfangreicher.

Die wichtigsten Signale für den Familienhund

Auf die Zielsetzung kommt es also an. Die Ausbildung eines Familienhundes ist relativ einfach. Zunächst legen wir die Signale fest, die
wir unserem Hund beibringen möchten. Bei mir sind das folgende:

★ Sitz, Platz und Bleib
★ Name des Hundes als Aufmerksamkeitssignal
★ Leinenführigkeit
★ Hier und Fuß
★ Schluss (Signal zum Abbruch einer Handlung)
★ Aus (für »Öffne deinen Fang«)
★ Weiter
★ Pfiff mit der Hundepfeife als Abrufsignal für Notfälle

Diese Signale sind völlig ausreichend, um jede Alltagssituation mit
Hund problemlos zu meistern. Den praktischen Aufbau der einzelnen Signale im Detail zu erklären, würde den Rahmen dieses Bu-
ches sprengen. In diesem Kapitel möchte ich Ihnen vielmehr einen
Überblick vermitteln, wie die Ausbildung Ihres Hundes prinzipiell
aussehen sollte – und wie lange sie in etwa dauert.

Ohne Fleiß kein leckerer Preis

Die Quintessenz für jedes erfolgreiche Hundetraining ist der be-
wusste Einsatz von reizvollen Belohnungen. Diese Ressource nutzen wir ganz gezielt für den Kommunikationsaufbau. Denn wenn
ein Hund für all die schönen Dinge im Leben »keine Pfote krumm
machen« muss, wird er dies auch nicht tun.

Ein Hund, der satt ist, verspürt kaum Motivation, für sein Futter zu
arbeiten. Ein Spielzeug, das den ganzen Tag zur Verfügung steht,
verliert rasch seinen Reiz; und ein Hund, der mit Aufmerksamkeit

überschüttet wird, hat es einfach nicht nötig, auf seinen Menschen zu achten. Deshalb gilt: Nur wenn ich es schaffe, meinen Hund zu motivieren, kann ich ihm auch etwas Neues beibringen.

Machen Sie sich also bewusst, was Ihren Hund begeistert und belohnt, und nutzen Sie dies nun ausschließlich für den Aufbau Ihrer Kommunikation! Diese Faustregel gilt zumindest so lange, bis die Ausbildung Ihres Welpen erfolgreich abgeschlossen ist.

GRUND- UND AUFBAUTRAINING

Bei der Ausbildung unterscheidet man zwischen Grund- und Aufbautraining. Im Grundtraining lernt der Hund die einzelnen Signale ohne Ablenkung – quasi in einem abgeschirmten Umfeld. Das kann das Wohnzimmer oder auch der eigene Garten sein. Wichtig ist, dass sich Ihr Hund dort gut auf die Übungen konzentrieren kann. Sobald die einzelnen Signale in reizarmer Umgebung funktionieren, beginnen wir mit dem Aufbautraining. Hier werden die Signale unter Einfluss typischer Störfaktoren (Autos, fremde Menschen, etc.) eingeübt. Die Intensität dieser Ablenkungen muss gut dosiert werden: Richtig liegt man, wenn der Hund es noch schafft, sich auf die Übungen zu konzentrieren, und diese erfolgreich ausführt.

Üben, üben, üben – an möglichst vielen Orten

Insgesamt dauern Grund- und Aufbautraining rund drei Monate. Danach ist die Ausbildung aber noch nicht beendet: Damit ein Signal zuverlässig sitzt, benötigt man 3000 bis 6000 Wiederholungen. Und das unter ständig wechselnden Bedingungen. Denn Hunde lernen kontextabhängig. Wir wollen aber, dass unser Hund in jeder Situation, also unabhängig vom Kontext, gleich reagiert.

Das erreichen wir, indem wir die erlernten Signale im Alltag in möglichst vielen, unterschiedlichen Situationen nutzen. Wichtig ist, dass wir unseren Hund weiterhin intensiv für seine Mitarbeit belohnen. Dafür muss man etwa ein weiteres Jahr veranschlagen. Keine verlorene Zeit, denn erst durch diese Vertiefung des Erlernten wird die Kommunikation richtig zuverlässig!

Bleibt noch die Frage: Muss man für all das zwingend eine Hundeschule besuchen? Jein. Allen, die gar keine Erfahrung mit der Ausbildung eines Hundes haben, empfehle ich den Besuch einer professionellen Hundeschule, denn das Lernverhalten von Zwei- und Vierbeinern unterscheidet sich einfach deutlich.

ANDRÉS EXTRATIPP

Da gute Hundeschulen leider immer noch rar sind, sollten Sie frühzeitig nach einem Trainer Ausschau halten, der auch wirklich Ihren Vorstellungen entspricht. Ansonsten landet Ihr Name mit hoher Wahrscheinlichkeit auf einer langen Warteliste – so ist es ja auch Franziska in unserer Geschichte ergangen.

Eine Hundeschule muss jedoch nicht zwingend physisch vor Ort existieren. Ich selbst führe eine Online-Hundeschule (www. deine-hundeschule.com), und die Ergebnisse der Teilnehmer sind hervorragend. Wichtig ist nur, dass man bei Online-Angeboten einen professionellen Ansprechpartner hat, mit dem man Fragen und Probleme während der Ausbildung unkompliziert klären kann.

Sicher und glücklich durch den Alltag

Wer sich am Ende – egal, ob off- oder online – für eine Hundeschule entscheidet, sollte sich unbedingt nach den Trainingsmethoden erkundigen. Achten Sie darauf, dass die Ausbildungsphilosophie der Einrichtung und ihrer Trainer auf positiver Bestätigung beruht. Denn unsere Hunde sollen uns aus Vertrauen und Motivation folgen – und nicht aus Angst vor Schmerzen und Bestrafung!

Mir persönlich ist es extrem wichtig, einem Hund die Basics wie »Sitz«, »Platz«, »Hier« usw. beizubringen. Die aufgebaute Kommunikation führt uns beide langfristig sicher durch den Alltag und schenkt dem Hund die nötige Freiheit, auch mal ohne Leine zu laufen. Am Ende sind wir also beide glücklich. Perfekt!

JUNG & WILD!

»Spielerisch lernt sich's am besten – aber bei der Aus- rüstung muss man ja nicht gleich übertreiben.«

J. Henkelmann

16 HÜNDISCHES SCHUBLADENDENKEN

Ich sitze am Schreibtisch und betrachte gedankenversunken meinen schlafenden Welpen. Es ist neun Uhr morgens, wir waren gerade spazieren, und eigentlich sollte ich jetzt an meinem Roman weiterschreiben. Stattdessen geistern mir kurios beschriftete Schubladen durch den Kopf. Nicht meine eigenen allerdings. Sondern die meines Hundes.

ALLES IN BESTER ORDNUNG?

Mit seinen vier Monaten (ohne Hundeschulerfahrung) ist Sirius nämlich schon ein Meister darin, alle Kommandos, die wir ihm beibringen, fein säuberlich einzusortieren. Das sieht dann etwa so aus:
»Sitz« befolgt Sirius immer und überall, zu Hause, im Garten, im Park und im Wald. Denn »Sitz« macht Sirius gern, und deshalb plagen ihn auch keine Interessenkonflikte, wenn wir es von ihm verlangen. Dieses Kommando liegt also griffbereit in der Schublade GEHORCHEN.
»Platz« hingegen macht Sirius etwas weniger gerne. Er befolgt es zu Hause und im Garten. Im Park beachtet er das Signal nur, wenn es warm und trocken ist, und im Wald nur dann, wenn es warm und trocken ist *und* er gerade nichts Besseres zu tun hat. Auf dieser Schublade steht folglich *MANCHMAL GEHORCHEN* geschrieben.
»Hierher« kommt Sirius grundsätzlich nur, wenn ihm danach ist. Er lässt sich dazu herab, wenn er sich langweilt oder wenn ich einen Happen gekochtes Hühnchen in der Hand halte. Allerdings: Wenn ihm langweilig ist, scharwenzelt er ohnehin ständig um mich herum. Und für Hühnchen (ich habe es ausprobiert) kommt er selbst dann, wenn ich gar nichts sage. Ich fürchte also, am gut aufkonditionierten »Hierher« kann es nicht liegen, wenn Sirius in diesen Fällen gehorcht, und er hat das Signal irgendwo in der Schublade *EXTREM VERHANDELBAR* verräumt.

Am allerwenigsten mag es Sirius jedoch, anständig an der Leine zu laufen. Leinen, davon ist er scheinbar überzeugt, sind dazu da, dekorativ an einem Haken im Flur zu baumeln. Und das bitte bis in alle Ewigkeit! Ansonsten hat Hund nämlich leider keine andere Wahl, als die Dehnfähigkeit und Reißfestigkeit des guten Stücks auf Herz und Nieren zu prüfen. Am besten geht das, indem Hund mit voller Wucht zu sämtlichen Schnüffelplätzen zieht oder ruckartig stehen bleibt, sobald es etwas Spannendes zu sehen gibt (Coladose am Wegesrand, Schmetterling vor der Nase, Schnecke auf dem Gehsteig). Als Ausgleich für die vielen Stopps muss Hund dann natürlich öfter mal ganz spontan losspringen, und zwar so weit, wie er nur kann (was – Ehrensache – *immer* weiter ist, als die blöde Leine reicht). Das Thema Leinenführigkeit landet demnach in der untersten Schublade mit der blutroten Aufschrift *SABOTIEREN!*

Viel Lärm um nichts

So viel also zum Stand unseres Trainings. Ich weiß nicht, ob Sirius mit seinen sechzehn Wochen schon weiter sein sollte. Ob er nicht doch dringend einen Hundeplatz besuchen, ob er bedingungsloser gehorchen und unsere Kommandos zuverlässiger ausführen müsste. Daran, dass er sie versteht, zweifle ich nicht; wann aber ist der Zeitpunkt gekommen, dass wir erwarten können, dass Sirius das, was er versteht, auch befolgt?

»Hierher? Platz? Über diese Kommandos muss ich erst noch eine Nacht schlafen.«

Da ich auf diese Frage noch keine Antwort habe, beschließe ich, vor der Arbeit noch ein bisschen im Hundeforum zu surfen. Ich überlege kurz. Es gibt da doch diese sympathische, erfahrene Frau aus dem Norden, die mit dem Australian Shepherd. Vielleicht kann sie mir ja … Ein lautes, aufgeregtes, fast schon hysterisches Bellen lässt mich zusammenzucken. Sirius! Hat der nicht gerade noch geschlafen? Warum flippt er so aus?

Ich springe vom Schreibtisch auf und renne durch die offene Terrassentür in den Garten, bleibe jedoch abrupt stehen, als mir der Grund für Sirius' Überschnappen klar wird.

»Herrgott, Hund!«, schimpfe ich verärgert. »Was soll denn das? Das ist doch bloß Frau Riedchen, die kennst du doch!«

Ich entschuldige mich bei der alten Dame, die es gewagt hat, an unserem Gartenzaun entlangzugehen; so wie übrigens jeden Morgen.

Heute aber hat Frau Riedchen ihren neuen Rollator dabei, und der scheint Sirius ganz und gar nicht geheuer zu sein.

Auf dem Prüfstand

Frau Riedchen lacht nur und winkt ab. Sie mag unseren Welpen, und weil sie früher selbst Hunde hatte, rät sie mir ebenso freundlich wie unaufdringlich, Sirius ein Abbruchsignal beizubringen. Ihr Fido und ihre Emily hätten auf »Schluss« stets gut reagiert, und der clevere Sirius würde dieses Kommando doch bestimmt im Handumdrehen begreifen.

Leicht beschämt bedanke ich mich für den Tipp, während Sirius durch den Zaun den Rollator beschnüffelt und zaghaft mit dem Schwanz wedelt.

Für den Moment ist der Frieden wiederhergestellt.

Doch als ich ins Haus zurückgehe, kann ich ein tiefes Seufzen nicht unterdrücken. Wie ich meinen Welpen kenne, wird er das »Schluss« nämlich erst einmal auf den Prüfstand stellen und dann, je nach Testergebnis, in sein persönliches Kategoriensystem einordnen:

Gehorchen?

Manchmal gehorchen?

Extrem verhandelbar?

Sabotieren?

Ach, in eine dieser Schubladen wird das »Schluss« schon passen! ❧

ANDRÉS EXPERTENRAT ZU
SIGNALEN, BEI DENEN ES NOCH HAKT

Sehr charmant, die Idee mit den Schubladen – und ziemlich zutreffend noch dazu! Klar, Sirius befüllt und beschriftet seine Schubladen nicht bewusst, aber sein Köpfchen erledigt das für ihn.
Trotzdem muss sich Franzi keine großen Sorgen machen. In diesem Alter ist es noch normal, wenn ein Hund nicht zuverlässig auf Signale reagiert. Dennoch stellt sich natürlich die Frage: Wie schafft man es, dass möglichst jedes Signal in der obersten Schublade mit der Aufschrift »Gehorchen« landet – und wie geht man mit Situationen um, in denen diese Schublade komplett leer ist?

TRAINING ANPASSEN UND INTENSIVIEREN

Hunde lernen kontextabhängig und benötigen zum Vertiefen des Erlernten etliche Wiederholungen unter wechselnden Rahmenbedingungen. Das haben wir bereits in Kapitel 15 erfahren.
Auf das Signal »Sitz« reagieren Welpen meist von Anfang an sehr gut, weil ihre Menschen es besonders häufig und zudem in vielen unterschiedlichen Situationen anwenden. Hinzu kommt, dass Hunde das »Sitz« oft von sich aus anbieten, denn das lohnt sich für sie fast immer! Da sitzt der Hund z. B. ganz brav vor uns, und wenn wir gerade kein Leckerchen oder Spielzeug parat haben, bekommt er zumindest unsere liebevolle Aufmerksamkeit. Aus diesem Grund wandert das »Sitz« recht schnell in die Schublade »Gehorchen«.
Damit langfristig auch alle anderen Signale folgen, brauchen wir etwas Geduld. Und wenn Signale jetzt noch nicht zuverlässig funktionieren, ist das ein Zeichen, dass wir sie noch nicht ausreichend trainiert haben. Zwei Faktoren spielen hier eine wichtige Rolle:

1. Die Ausführung des Signals muss für den Hund attraktiv sein, sie muss sich also für ihn lohnen.
2. Die Ablenkung, also der Kontext, in dem der Hund gehorchen soll, muss zum aktuellen Trainingsstand passen.

Wie reagiert man aber nun, wenn man ein Signal ausgesprochen hat und der Hund nicht gehorcht? Zunächst ist es – wie bereits erwähnt – wichtig, dass wir das Training für dieses Signal entsprechend intensivieren und anpassen.

Noch wichtiger ist jedoch, dass wir zukünftig vorsichtiger und auch sparsamer mit dem betroffenen Signal umgehen. Das Tückische ist nämlich: Reagiert ein Hund mehrmals nicht auf ein Signal, wird es für ihn nach und nach bedeutungsloser. Wir sollten ein Signal also nur dann geben, wenn wir uns sehr sicher sind, dass er es auch ausführt. Reagiert der Hund trotzdem nicht, versuchen wir, es ihm einfacher zu machen, oder beenden die Situation wortlos.

Ich habe was, was du nicht siehst

Es gibt übrigens einen weiteren Grund, warum Hunde schlechter oder widerwillig auf Signale reagieren: Die Ausführung ist ihnen unangenehm! Schickt man z.B. einen empfindlichen Welpen auf kaltem oder nassem Terrain ins »Sitz« oder »Platz«, verweigert er dies möglicherweise. Deshalb ist es gerade in der Anfangsphase wichtig, dass Ihr Hund alle Übungen mit Freude umsetzt.

Und dann gibt es da noch ein typisches Phänomen, das auch Franziska aus unserer Geschichte erlebt hat: Manche Welpen führen Signale nur zuverlässig aus, wenn Frauchen oder Herrchen richtig

ANDRÉS EXTRATIPP

Beim Einüben neuer Signale wird die Belohnung häufig zu früh abgebaut. Denn viele Halter gehen davon aus, ihr Hund müsse das Kommando doch mittlerweile verstanden haben und beherrschen. Das ist jedoch ein großer Fehler. Er kann dazu führen, dass sich die Kommunikation wieder deutlich verschlechtert und Signale, die im Kopf des Hundes schon längst unter der Kategorie »Gehorchen« abgespeichert waren, wieder in die Schublade »Extrem verhandelbar« wandern.

Führleine locker, Schwanz nach oben – das macht Welpeneltern glücklich.

tolles Futter in der Hand halten. Wie kann man diese Entwicklung verhindern? Das klappt, indem Sie zu Beginn des Trainings ganz normal mit leckeren Belohnungen arbeiten. Später, nach einigen Wiederholungen, geben und vor allem zeigen Sie Ihrem Hund die Belohnung aber erst, nachdem er zuverlässig auf das Signal reagiert hat. So vermeiden Sie, dass Ihr Hund nur gehorcht, wenn er seine Belohnung vorab sehen und begutachten kann.

LEINENFÜHRIGKEIT – TIMING IST DAS A UND O

Ein weiteres Problem, das viele Welpeneltern umtreibt, ist die Leinenführigkeit. Junge Hunde reagieren beim Gassigehen oft spontan und ungehemmt auf Ablenkungen und Umweltreize, und es fällt ihnen noch schwer, entspannt an lockerer Leine zu laufen.

Das beste Rezept für den Aufbau einer guten Leinenführung ist eigentlich recht simpel: Wir müssen verhindern, dass unser Welpe (oder später Junghund) mit dem Ziehen und Zerren an seiner Leine Erfolg hat und somit belohnt wird. Wenn er zieht, darf er also nicht dort ankommen, wo er gerne hinmöchte!

Konkret bedeutet das in der Praxis: Sie bleiben jedes Mal stehen, sobald sich die Hundeleine spannt, und gehen erst dann weiter, wenn die Leine wieder locker hängt.

Extrem wichtig ist dabei ein gutes Timing! Genau in der Sekunde, in der sich die Leine lockert, müssen Sie Ihren Hund sofort belohnen. Sie tun das, indem Sie weitergehen. Die meisten Leute warten damit jedoch zu lange, sodass der gewünschte Effekt ausbleibt. Parallel dazu belohnen Sie Ihren Hund, wenn er an lockerer Leine gut mitläuft. Diese zwei Trainingsschritte sind ausreichend, um eine schöne Leinenführigkeit aufzubauen.

Jetzt erst recht – aus Misserfolgen lernen!

Zu guter Letzt sehen wir uns noch an, was man tun kann, wenn ein Hund am Gartenzaun bei jeder Kleinigkeit Alarm schlägt. Dieses Verhalten kann nämlich auf Dauer ziemlich nerven.

Am effektivsten lösen Sie das Problem über Gewöhnung auf. Dazu setzen oder stellen Sie sich mit Ihrem Welpen – er wird vorher an einer Schleppleine gesichert – auf den Rasen und bespielen und bespaßen ihn dort. Ziel ist es, dass er sich nach und nach an die Reize gewöhnt, die er durch (oder über) den Gartenzaun wahrnimmt. Reagiert Ihr Hunde weiterhin auf diese Reize, kann man mit dem Abbruchsignal »Schluss« arbeiten, so wie es auch die alte Dame aus unserer Geschichte ganz richtig empfohlen hat. Eine ausführliche Praxisübung zum Schluss-Signal finden Sie auf Seite 89.

Kürzlich habe ich in einer Zeitschrift den schönen Spruch gelesen: »Geduld ist nicht die Fähigkeit zu warten, sondern beim Warten gut gelaunt zu bleiben.« Ich finde, er passt hervorragend zum Thema dieses Kapitels. Es braucht einfach ein wenig Fleiß und Zeit, bis alle Signale im Kopf unseres Hundes sortiert und in der richtigen Schublade verstaut werden – und dort dann auch langfristig bleiben. Die Kunst dabei ist, auch bei Rückschlägen oder Misserfolgen nicht die Geduld und Freude zu verlieren!

17 VERDAMMT, MEIN HUND IST EINFACH ZU KLUG!

Man kommt schon manchmal auf recht seltsame Gedanken, wenn man mit einem jungen Border Collie zusammenlebt.

Es ist der 1. Mai, alles grünt und blüht. Die ganze Familie genießt den freien Tag im Garten. Tim hält Siesta, Noah malt ein Bild, Sirius hütet mit höchster Konzentration ein paar Feuerwanzen, und ich verliere mich in der Betrachtung einer rosaroten Pfingstrosenblüte. Und während ich so im Liegestuhl liege, schaue und sinniere, geht mir durch den Kopf, dass Sirius schon mal gelebt haben muss – und dass er, sollte er damals ein Mensch gewesen sein, ganz bestimmt ein Teppichknüpfer war.

GEDANKENSPIELE

Diese Vermutung ist nicht einfach so aus der Luft gegriffen. Ein Teppichknüpfer ist von morgens bis abends, tagein, tagaus damit beschäftigt, Knoten zu schlingen und lose Fäden zu verbinden. Genau das tut Sirius auch! Der einzige Unterschied ist, dass diese Arbeit bei ihm unsichtbar vonstatten geht, denn sie geschieht nur in seinem Köpfchen: Alles, was er sieht, hört und erlebt, wird miteinander verknüpft, wird verwoben zu einem großen Ganzen aus Erfahrungen, das Sirius' kleine Welt strukturiert und es ihm erlaubt, in ihr zu bestehen. *Alles* ist lernen für Sirius!

Kein Wunder, dass der Hund zwischendurch schläft wie erschossen.

Mein Blick schweift über den Rasen zu ihm hin. Die Feuerwanzen hatten offenbar keine Lust mehr, sich hüten zu lassen, denn sie sind plötzlich alle weg, und Sirius ist auf der Suche nach einer neuen Aufgabe. »Vielleicht Schmetterlinge jagen?«, scheint er zu denken. »Oder doch lieber …«

Wie von der Tarantel gestochen rast er los und verschwindet im Haus.

Mein Mann schreckt aus seinem Dämmerschlaf hoch. »Was hat er denn? Hat ihn etwa eine Biene gestochen?«

Noch bevor ich antworten kann, kommt Sirius auch schon wieder angewetzt. In seinem Maul hängt eine weiße, flatternde Beute, und als er uns erreicht hat, bleibt er schwanzwedelnd vor unseren Liegestühlen stehen. »Bäh, total eklig! Der Sirius hat schon wieder ein Taschentuch aus dem Müll geklaut!«, quiekt Noah, denn die weiße Beute ist ein Tempo. Ein gebrauchtes, versteht sich.

Gibst du mir, geb ich dir

Mein Mann macht ein Geräusch, das irgendwo zwischen Würgen und Grummeln angesiedelt ist, und versucht dann, Sirius das Taschentuch zu entreißen. Hastig gehe ich dazwischen. »Nein, nicht wegnehmen!«
»Warum denn nicht? Da läuft der Rotz raus, das ist widerlich!«
Er hat recht, es ist *wirklich* widerlich. Wer von uns dreien ist eigentlich gerade dermaßen verschnupft?
»In meinen Hundebüchern steht, wenn man einem Welpen die Beute wegnimmt, bringt er sie in Zukunft nicht mehr her. Stattdessen wird er weglaufen, um sie zu verstecken – und versuch du mal, ein Hundekind zu fangen, das wild entschlossen ist, seine Beute in Sicherheit zu bringen!«
Tim rümpft die Nase. »Dann sollen wir also tatenlos zusehen, wie Sirius das Taschentuch frisst? Mitsamt Inhalt?!«

»Finger weg, meins! Aber über ein Tauschgeschäft ließe sich durchaus reden…«

»Nee, Papa«, ruft Noah. Einer seiner Buntstifte kullert vom Maltisch, als er sich zu uns umdreht. »Wir müssen tauschen! Stimmt's, Mama?«

Ich nicke, denn glaubt man meinen Büchern, ist genau das die richtige Strategie: Man soll Hunden ihre Beute niemals einfach entreißen, sondern immer, immer, immer gegen etwas Feines eintauschen. Denn nur so lernen sie: Die Beute herzugeben, das lohnt sich!

Also schicke ich Noah ins Haus, damit er rasch eine Kaustange holt.

Und Sirius? Das kluge Tier wartet gelassen ab, bis Sohnemann zurückkommt und ihm den Leckerbissen mit einem »Aaaaaus!« vor die Nase hält. Sofort lässt Sirius das Taschentuch fallen! Und ich kann mir nicht helfen: Als sich unser Welpe mit seiner Belohnung genüsslich ins Gras wirft, sieht er aus, als habe er diesen Coup von Anfang an geplant.

Muss er wirklich oder will er bloß?

Stirnrunzelnd versinke ich wieder in meinem Liegestuhl. Ich muss erneut an Sirius' früheres Leben denken. An all die Fäden, die im Gehirn unserer kleinen schlauen Fellnase tagtäglich zusammenlaufen. An die vielen richtigen Verknüpfungen, die dabei entstehen … und auch an die falschen oder jedenfalls nicht von uns beabsichtigten. Denn schleppt Sirius in letzter Zeit nicht auffallend häufig gebrauchte Tempos an?

Ich schließe die Augen. Hinter meinen Lidern tanzen Sonnenstrahlen und Schatten, flirren diffuse Ahnungen.

Ich denke an Sirius und seine Taschentücher, die für ihn zum Garant für leckere Kaustangen geworden sind. Dann an Sirius, der sich jämmerlich winselnd vor die Tür setzt, wenn er zum Pipimachen rausmuss – und der sich ebenso jämmerlich winselnd vor die Tür setzt, wenn er einfach nur in den Garten will, um nach dem Rechten zu sehen, Stöckchen zu benagen oder Amseln, Spatzen und Meisen zu beobachten.

Natürlich lassen wir ihn jedes Mal hinaus. Woher sollen wir auch wissen, wann er *muss* und wann er bloß *will*?

»Dieser Hund«, murmele ich mit geschlossenen Augen und finsterer Stimme vor mich hin, »manipuliert uns. Der ist einfach zu klug für uns!«

»Ist doch toll, dass er so klug ist«, sagt Noah, der meine Worte aufgeschnappt hat. »Guck mal, was ich ihm gerade beigebracht habe!«

Ich hebe meine Hand gegen die Sonne an die Stirn und schaue blinzelnd zu Kind und Hund. Während mein Mann und ich faul in unseren Liegestühlen gedöst und absolut gar nichts mitbekommen haben, hat sich Noah nach dem Malen anscheinend mit Sirius die Zeit vertrieben. Und plötzlich kann unser kluger Hund Männchen machen, und unser kluger Sohn hat uns gezeigt, was Sirius, um brav zu sein, an diesem Feiertag *wirklich* nötig hatte: kein stundenlanges Herumliegen und Faulenzen im Garten, sondern einfach ein paar Minuten intensiver Kopfarbeit.

Tja, man lernt nie aus, auch nicht als Frauchen mittleren Alters. Eigentlich eine schöne Vorstellung. Möglicherweise sind wir ja alle ein Leben lang Teppichknüpfer, irgendwie.

Ich sag's ja: Man kommt auf seltsame Gedanken, wenn man mit einem jungen Border Collie zusammenlebt! ➤◀

ANDRÉS EXPERTENRAT FÜR
LERNBEGIERIGE HUNDE UND IHRE HALTER

Sirius ist clever und hat in seinem jungen Leben scheinbar schon so manchen Teppich geknüpft! Es ist aber gar nicht so einfach, das Lernverhalten von Hunden in jeder Situation zu durchschauen: Da beginnt unser Welpe etwa, uns die Schuhe oder – wie in unserer Geschichte – alte Taschentücher zu bringen, weil er gelernt hat, dass wir sie gegen eine Leckerei eintauschen. Im Fachjargon nennt man das »Verhaltensketten«, und um diese soll es hier gehen!

FALSCH VERKNÜPFT? DAS KANN PASSIEREN!

Das Wort Verhaltenskette klingt zunächst ziemlich dröge. Dahinter stecken aber erlernte Strukturen, die hochinteressant sind und einen häufig schmunzeln lassen. Vor einiger Zeit habe ich mal ein Video von meinen Kursteilnehmern erhalten. Es zeigt, wie sie ihrem Hund unbeabsichtigt das Tänzeln mit den Vorderpfoten beigebracht haben. Sie hatten fleißig das »Sitz« mit dem Clicker trainiert, und irgendwann hat ihre Hündin – aus einer freudigen Erregung heraus – damit begonnen, nach dem Hinsetzen mit ihren Pfoten zu tippeln. Ihren Menschen war das zunächst gar nicht aufgefallen. Daher haben sie die Übung weiterhin und wie gehabt ausgeführt. Das Ergebnis: Sobald die Hündin ins »Sitz« geschickt wurde, hat sie immer und überall mit den Vorderpfoten getippelt. Schließlich hatte sie gelernt, dass sie genau für dieses Verhalten (erst setzen, dann tippeln) belohnt wird. So schnell können ganz simple und manchmal eben auch kuriose Verhaltensketten entstehen.

Üben für den »Ernstfall«

Ein häufiges, unerwünschtes Verhaltensmuster ist das Aufnehmen von Gegenständen oder Futter aller Art vom Boden. Oft passiert das beim Spazierengehen. Wenn man nun wie Franziska mit der Tauschmethode arbeitet, lernen Hunde sehr schnell: Wenn ich z. B. Steine oder tote Vögel ins Maul nehme und sie meinem Menschen bringe, gibt's ein Leckerchen! Mehr noch: Hunde werden bald sogar ganz gezielt nach Unrat Ausschau halten, und wir haben ihnen dieses Verhalten ungewollt beigebracht! Wie kann Franzi nun aber ihr Taschentuch-Dilemma lösen, ohne sich mit Sirius auf ein Tauschgeschäft einzulassen? Zunächst trainiert sie mit ihm, ganz unabhängig von der Problemsituation, intensiv die Signale »Schluss« (→ Seite 89) und »Aus« (→ Seite 136) und arbeitet dabei mit tollen Belohnungen. Wenn Sirius dann zukünftig auf den Mülleimer zusteuert, sagt sie »Schluss«. Belohnt wird er in der akuten Problemsituation aber nicht mehr. Denn sonst entsteht eine unerwünschte Verhaltenskette! Je intensiver Franzi zuvor das »Schluss« einübt, desto besser funktioniert es später im »Ernstfall«.

Erst tauschen, dann loslassen

Das Gleiche macht sie mit dem »Aus«. Denn sollte Sirius sich doch mal ein Taschentuch schnappen und Franziska bemerkt das nicht rechtzeitig, nutzt sie dieses Signal, damit er es wieder fallen lässt.

Nur wenn das alles nicht klappt, weil das vorausgehende Training noch nicht intensiv genug war, nutzt sie die Tauschmethode.

PRAXISÜBUNG → DAS AUS-SIGNAL

Das »Aus« – also das Signal, das Ihren Hund auffordert, einen Gegenstand fallen zu lassen oder aufzugeben – bringen Sie ihm am einfachsten mit der zuvor beschriebenen Tauschmethode bei.

★ Zunächst geben Sie Ihrem Welpen ein Spielzeug bzw. einen Kauartikel, den er gerne ins Maul nimmt. Zusätzlich halten Sie etwas noch Reizvolleres griffbereit, das ihn zum Tauschen motiviert – beispielsweise ein leckeres Stückchen Fleischwurst.

★ Wenn Ihr Hund nun sein Lieblingsspielzeug im Maul hat, halten Sie ihm einfach die Fleischwurst vor die Nase.

★ Normalerweise öffnet sich daraufhin der Fang Ihres Hundes, und das Spielzeug fällt heraus. Genau in diesem Moment sagen Sie »Aus« und belohnen ihn mit dem Leckerbissen.

Wenn Sie häufig genug trainieren, wird sich der Fang Ihres Welpen automatisch öffnen, sobald Sie »Aus« sagen – und zwar auch dann, wenn Sie nichts zum Tauschen haben. Damit das so bleibt, sollten Sie die Übung zwischendurch immer wieder auffrischen und dabei mit attraktiven Tausch-Belohnungen arbeiten.

Hunde sind schlau, wir aber auch! Wenn wir dem Hund etwas beibringen – oder er sich selbst –, müssen wir also immer auf Verhaltensketten achten. Diese können für oder gegen uns arbeiten. Mit ein bisschen Übung werden Sie unerwünschte Verhaltensmuster schon bald zuverlässig erkennen. Und dann können Sie mit einem gezielten Training einfach gegensteuern!

KLINISCH REIN?
MUSS GAR NICHT SEIN

Gibt es den perfekten Tagesanfang?

Ich glaube schon. Für mich jedenfalls sieht er so aus:

Sirius und ich streifen in der ersten Morgensonne durch die Natur, und wir beide haben so richtig Spaß dabei! Sirius fetzt fröhlich über frisch gemähte Wiesen. Er stillt seinen Durst an einem glasklaren Bach. Um den gruseligen Mäusekadaver am Wegesrand macht er einen ebenso großen Bogen wie ich. Wieder zu Hause, genießt er eine kurze Fellpflege mit seiner weichen Lieblingsbürste, bevor er sich müde, aber entspannt auf seinen Platz neben meinem Schreibtisch plumpsen lässt.

Der Hund ist glücklich und zufrieden, Kaffeeduft liegt in der Luft, und Frauchen macht sich voller Energie und Tatendrang ans Schreiben.

MATSCHBRAUNE PFOTEN UND MODRIGER GERUCH

Auch Sirius ist der Meinung, dass es den perfekten Tagesanfang gibt.

Für ihn allerdings läuft dieser ein wenig anders ab:

Sirius und ich streifen in der ersten Morgensonne durch die Natur, und Sirius hat so richtig Spaß dabei!

Er fetzt und springt fröhlich über kniehohe Wiesen voller Grassamen und Zecken. Er stillt seinen Durst an einem schlammigen Tümpel. Bei der Gelegenheit geht er gleich eine Runde schwimmen, wonach sein Körper patschnass und seine Pfoten matschbraun sind. Oh, ein gruseliger Mäusekadaver am Wegesrand! Mein Hund ist verzückt, kann er sich darin doch wunderbar wälzen! Wieder zu Hause, wehrt sich Sirius hartnäckig gegen den fiesen Zeckenkamm, mit dem Frauchen ihn nach Wiesenspaziergängen immer nervt. Noch vehementer wehrt er sich dagegen, in der Badewanne seines neuen Kadaver-Parfüms beraubt zu werden. Tropfnass (aber immer noch sehr dreckig) flüchtet er aus dem Bad und veranstaltet ein turbulentes »Fang-mich-doch«-Spiel mit Frauchen, bevor er sich müde, aber entspannt auf seinen Platz neben meinem Schreibtisch plumpsen lässt. Der Hund ist glücklich und zufrieden, ein Hauch von Mäuseleiche liegt in der Luft, und Frauchen macht sich zähneknirschend ans Putzen der versauten Wohnung.

Und die Realität? Ist in den meisten Fällen eine Mischung aus Sirius' und meiner Idealvorstellung. Denn natürlich wälzt sich Sirius nicht *jeden* Tag in toten Tieren, und überhaupt: Ich gönne ihm seinen Spaß von Herzen! Eigentlich. Nur … könnte er sich nicht ein *bisschen* kooperativer zeigen? Vor allem, wenn es nach unseren Streifzügen ans Abtrocknen, Bürsten und Zeckenentfernen geht? Nur ein klitzekleines bisschen?

Bürste, Handtuch und andere Folterinstrumente

Denn da ist Sirius rigoros: Die babyweiche Bürste ist für einige Sekunden gerade noch okay – alles andere ist für den Hund Teufelszeug! Und dieses Teufelszeug kommt ihm nicht ans Fell, geschweige denn an die zarten Welpenpfötchen. Da wird dann gehampelt, gejault, nach der Bürste geschnappt und ins Handtuch gebissen, was das Zeug hält.

Auch die Badewanne ist Sirius ein Graus; nach seiner ersten und bisher einzigen (scheinbar traumatischen) Bekanntschaft mit ihr musste ich tatsächlich die ganze Wohnung putzen.

Damit wir uns nicht falsch verstehen: Ich möchte in meinem Haus nicht vom Boden essen können! Dafür haben wir Tisch und Teller.

Aber bei aller Hundeliebe möchte ich auch nicht, dass es bei uns riecht und aussieht wie in einem Schweinestall. Und darum muss ich unserem Jungspund irgendwie begreiflich machen, dass ein gewisses Maß an Körperpflege auch für einen Border Collie unerlässlich ist.

Aber Sirius nimmt schon Reißaus, wenn ich auch nur vorsichtig nach Bürste oder Hundeshampoo greife. Nähern kann ich mich ihm damit schon gar nicht. Was also tun?

»Ist doch ganz einfach«, sagt Noah, als ich meiner Familie beim Abendessen das Herz ausschütte. »Der Sirius und ich baden nachher gemeinsam! Das macht ihm bestimmt ganz viel Spaß, und mir auch!«

Ich stelle mir vor, wie Kind und Hund einträchtig in einer matschbraunen Brühe hocken, die streng nach »Eau de toter Maus« mieft, und verschlucke mich an meinem Käsebrot.

»Das ist wirklich eine grandiose Idee«, sagt Tim grinsend. »Aber ich weiß was, das noch viel lustiger ist!«

Kalte Dusche unter freiem Himmel
Und so kommt es, dass nach dem Abendessen ein angezogener Mann, ein nackiges Kind und ein schmutziger Welpe jauchzend und bellend über den Rasen springen, wobei der Mann die beiden Kleinen mit dem Gartenschlauch jagt. Danach sind Kind und Hund leidlich sauber, und ich atme für diesen Tag auf.

Nur gut, dass der Wonnemonat Mai uns schon jetzt so herrlich warme Temperaturen beschert. Und wie gut, dass Tim so herrlich unkomplizierte Lösungen findet! Knifflig wird die Sache dann allerdings im Herbst … aber bis dahin ist ja Gott sei Dank noch viel Zeit.

Zeit, die ich dafür nutzen werde, ganz behutsam einen neuen Versuch in Sachen »Gewöhnung an Bürste & Co.« zu unternehmen.

Denn das mit der entspannten Hundepflege muss doch irgendwie zu schaffen sein – oder etwa nicht? ✜

ANDRÉS EXPERTENRAT ZUR
KÖRPERPFLEGE QUIRLIGER FELLNASEN

In den ersten Monaten mit unserem Welpen werden wir oftmals desillusioniert, da sich unser neuer Wegbegleiter unter einem perfekten Spaziergang, so wie Sirius in unserer Geschichte, vermutlich etwas ganz anderes vorstellt als wir.

Da die Kommunikation noch nicht zuverlässig aufgebaut ist, kann das sehr frustrierend sein. Die gute Nachricht: Fast alle Probleme, die in diesem Zusammenhang auftreten können, sind lösbar!

Eines davon ist das Thema Hygiene, und ich verrate Ihnen jetzt, wie Sie Ihrem Welpen die Körperpflege von Anfang an buchstäblich schmackhaft machen können. Ich verspreche Ihnen sogar, dass sich Ihr Hund auf dieses Ritual freuen wird. Auch nach regnerischen Spaziergängen und unliebsamem Kontakt mit Tierkadavern!

WELLNESS FÜR IHREN HUND

Wir fangen mit dem Wichtigsten an – und zwar damit, wie man es nicht machen sollte. Viele Welpeneltern gehen das Thema Körperpflege mit der falschen Einstellung an. Sie sagen sich:»Da muss der Hund jetzt durch, er wird sich schon daran gewöhnen!« Das ist ein Fehler, denn so entstehen häufig Probleme.

Bei Sirius ist die Sache noch recht glimpflich verlaufen. Er konnte sich ja einfach aus dem Staub machen. Viele Welpeneltern erleben jedoch eine andere, deutlich unangenehmere Geschichte: Sie beginnen nach einem verregneten Spaziergang, Pfötchen und Hinterläufe abzurubbeln, beide zählen zu den sensibelsten Körperteilen des Hundes. Ist er nicht daran gewöhnt, ist ihm das unangenehm; meist zieht der Hund die Pfoten schnell weg.

ANDRÉS EXTRATIPP

Es ist empfehlenswert und lohnt sich, einen Welpen früh und positiv mit Körperpflegeritualen vertraut zu machen. So erspart man sich spätere Probleme. Wenn Sie die nötigen Rituale in kleinen Schritten mit attraktiven Belohnungen verknüpfen, wird sich Ihr Hund langfristig sogar auf Bad oder Bürste freuen!

Diese Reaktion wird dann ignoriert, Frauchen und Herrchen rubbeln also weiter. Daraufhin verstärken viele Hunde ihr Abwehrverhalten, es kommt zum ersten leichten Knurren. Wird auch das nicht beachtet, schnappt der Hund – und in letzter Konsequenz beißt er zu. Wir können dann nicht sagen, er hätte uns nicht gewarnt!

Damit das nicht passiert, müssen wir sensible Interaktionen von Anfang an mit etwas Positivem verbinden. Hier eignet sich z. B. ein toller Kauartikel. Er weckt bei unserem Welpen positive Emotionen. Das bedeutet: Sobald der Hund mit dem Kauartikel beschäftigt ist, wird er sich vor allem darauf konzentrieren.

Ohne Kauartikel ist seine ganze Aufmerksamkeit auf die Hinterläufe gerichtet, die wir gerade abtrocknen wollen. Entsprechend empfindlicher wird er darauf reagieren!

Katzenwäsche? Leider nicht.

Ein weiterer Vorzug des Kauartikels ist, dass das Kauen selbst stressmildernd wirkt und somit die Gewöhnung ans Abtrocknen unterstützt. In der Praxis sieht das dann so aus: Wenn Franziska mit ihrem nassen Fellknäuel wieder zu Hause ankommt, gibt sie ihm eine leckere Kaustange. Den Kauartikel hat sie sich schon vor dem Spaziergang neben der Haustür – also dort, wo sie Sirius später abtrocknen möchte – bereitgelegt.

Auch Abtrocknen und Bürsten kann man üben

Während sich Sirius mit Freude dem Kauen widmet, kann Frauchen damit beginnen, den Welpen ganz sachte abzutrocknen. Hat sie alles richtig gemacht, dürfte Sirius damit keine Schwierigkeiten haben und wird sich in Zukunft sogar darauf freuen!

Natürlich muss Franziska nicht auf den ersten verregneten Tag warten, um ihr Hundekind an dieses Ritual zu gewöhnen. Ganz im Gegenteil: Es ist ratsam, das Abtrocknen bereits im Vorfeld in mehreren kleinen Trainingseinheiten zu üben.

Auf die gleiche Weise kann man einen Welpen, oder auch einen erwachsenen Hund, an das Bürsten, Abduschen, Ohrensäubern oder an das Entfernen von Zecken gewöhnen. Der Weg ist immer der gleiche. Einzig in puncto Belohnung haben wir natürlich Gestaltungsspielraum: Alternativ zum Kauartikel können Sie beispielsweise Käsestückchen oder Fleischwurst verwenden.

Wenn Sie mit diesen Belohnungen arbeiten, benötigen Sie jedoch im Idealfall einen Helfer, der Ihren Hund belohnt, während Sie ihn behutsam an das jeweilige Körperpflegeritual gewöhnen. Fortgeschrittene können die einzelnen Schritte auch clickern, sofern sie mit dem Clickertraining (→ Seite 149) vertraut sind.

Hier noch ein paar allgemeine Tipps zur Körperpflege:

→ Mehr als drei Bäder pro Jahr (von Schmutzunfällen einmal abgesehen) braucht Ihr Vierbeiner nicht. Hunde schwitzen nur geringfügig unter den Pfoten und regulieren ihre Körpertemperatur fast ausschließlich über das Hecheln. Wenn Ihr Hund an warmen Tagen hechelt, hat er seine »Klimaanlage« eingeschaltet – aber das nur am Rande.

→ Zur Fellpflege ist regelmäßiges Bürsten notwendig. Ein praktischer Nebeneffekt ist, dass Sie dabei auch auf Parasiten wie etwa Zecken oder Flöhe aufmerksam werden.

→ Wenn Sie Ihren Hund artgerecht ernähren und ihm zudem regelmäßig Zahnpflege-Sticks zum Kauen geben, können Sie auf das Zähneputzen verzichten. Letztlich kommt es aber immer auf den einzelnen Hund und den Zustand seiner Zähne an. Die erfreuliche Nachricht für alle Fellnasen, die doch Bekanntschaft mit einer Zahnbürste machen müssen: Es gibt tatsächlich Hunde-Zahnpasta mit Geflügelgeschmack! Also alles halb so wild.

→ Zu den Ohren: Im Allgemeinen reicht es, die Ohren eines Hundes nur bei Bedarf zu reinigen – also nur dann, wenn sie offensichtlich verschmutzt sind. Wichtig ist dabei: In Eigenregie sollten Sie nur die Zonen im Ohr reinigen, die einfach und problemlos erreichbar sind. Tierärzte empfehlen hierzu die Verwendung feuchter Babytücher. Auf den Gebrauch von Wattestäbchen sollten Sie unbedingt verzichten!

JUNG & WILD!

»Mein Loki liebt Wasser –
an Shampoo, Bürste und
Handtücher musste er sich
aber erst gewöhnen!«

MIT DEM JUNGHUND DURCH DICK UND DÜNN

19 DIE KLICK-KLACK-LEBERWURSTGLEICHUNG

Gedankenverloren laufe ich durch den Park nach Hause. Es ist Samstag, und ich habe Besorgungen in der Stadt gemacht, während sich meine zwei- und vierbeinige Familie daheim vergnügt. Ungewohnt fühlt es sich an, hier ohne Welpen unterwegs zu sein – wobei, ein Welpe ist Sirius ja gar nicht mehr. Er ist jetzt ein Junghund, und plötzlich überkommt mich ein Anflug von Melancholie. Die Welpenzeit ging so schnell vorbei! Was natürlich auch sein Gutes hat. Dem anstrengenden Stubenrein-heits-Training weine ich keine Träne nach, ebenso wenig den lästigen Beißattacken mit den spitzen Welpenzähnchen ...

RÄTSELHAFTE MORSEZEICHEN

Ein lautes »Kommst du da her, Tabitha! Ja, sooo ist es fein!«, gefolgt von einem Geräusch wie von einem Knackfrosch, reißt mich aus meiner Nachdenklichkeit. Nicht weit von mir erblicke ich eine korpulente Dame, auf die ein klitzekleines, flaumiges Etwas zurast. Ist das ein Chihuahua? Oder vielleicht ein Papillon? Wie auch immer, er ist *verdammt* schnell! Wieder knackt es, der Winzling bremst scharf ab, die Dame hält ihm eine Leberwursttube hin, und ich bin beeindruckt. Denn Sirius kommt zwar auch recht flott, wenn ich ihn rufe ... aber nur, wenn es gerade nichts Spannenderes zu tun gibt. Und selten so begeistert wie dieser Hund! Dabei hatte die Dame ihrem klitzekleinen Etwas noch nicht einmal ein ordentliches Kommando gegeben!

Meine Neugier ist geweckt.

Ich trete an Frauchen und Winzling heran. »Entschuldigen Sie bitte, aber wie machen Sie das? Ihr Hund hört ja perfekt!«

Die Dame zuckt die Schultern und lacht. »Ach, die Tabitha will bloß an ihre Leberwurst. Eine ganz Verfressene ist das, gell, Tabitha?«

Es knackt schon wieder, Tabitha leckt mit langer Zunge gierig an der Tube, und es knackt erneut. Irritiert starre ich auf Frauchens rechte Hand, in der sich offenbar die seltsame metallische Klangquelle versteckt.

»Mein Clicker.« Die Dame zeigt mir stolz ein Stück dunkelblaues Plastik in Tropfenform. Ihr Chihuahua springt kläffend an ihr hoch.

»Nein, Tabitha, jetzt nicht!«, sagt Frauchen streng. »Geh schön spielen.«

Der Hund setzt sich hin.

»Nein, Tabitha.«

Der Hund winselt.

»Na gut, na gut … «, seufzt Frauchen, klickt ein paarmal nervös und rückt schließlich die Tube mit der Leberwurst raus.

Der Zaubertrick mit dem Plastikstück

Irgendwie erschließt sich mir das System hinter diesem Geclickere noch nicht so ganz. Wie funktioniert dieses komische Plastikding?

»Wann genau klicken Sie denn, wenn ich fragen darf?«

»Na, immer!«, ruft die Dame fröhlich aus. »Klicken bedeutet Leberwurst, und seit Tabitha das begriffen hat, kann ich sie mit dem Clicker dazu bringen, *alle* meine Befehle zu befolgen. Und zwar *unverzüglich!*«

Alle Befehle? Unverzüglich?

Wow, ich will auch so einen Zauberstab!

»Guck mal, eine Knackwurst! Auch die macht Geräusche, wenn ich reinbeiße!«

Es steht mir vermutlich ins Gesicht geschrieben, wie neidisch ich bin, denn die korpulente Dame hat fast schon Mitleid mit mir. »Es ist eigentlich ganz einfach, das schaffen Sie auch«, sagt sie tröstend. »Ach so, haben Sie denn überhaupt einen Hund zu Hause?« Ich nicke und muss beim Gedanken an Sirius schmunzeln. »Supi! Dann zeige ich Ihnen jetzt mal, wie das geht: Tabitha!«, *knack,* »mach schön brav Platz. Na los, mein Schneckchen«, *knack,* »mach Platz! Nein, nicht Sitz, du Dummerchen.« *Knack.* »Platz sollst du machen. Platz! Ja, jetzt hast du es kapiert.« *Knack knack knack.* Tabitha, die eine Viertelsekunde im Platz gelegen hatte, springt an Frauchen hoch, und zur Belohnung gibt es Leberwurst.

Chaos oder Kommunikation?

Ich kratze mich ratlos am Kopf. »Okay, das ist … wirklich toll. Aber *wann genau* klicken Sie denn nun?« Die Frau muss lachen. »Das ist doch keine Wissenschaft! Ich klicke, wenn ich etwas von Tabitha will, und dann noch mal, wenn sie verstanden hat, *was* ich von ihr will, und oft klicke ich auch, wenn sie herkommen soll, denn das klappt viel besser, als wenn ich sie rufe, gell, Tabitha?« *Plapper plapper plapper – knack knack knack.* Ich werde ganz wirr. Tabitha offensichtlich auch, denn als Frauchen sie auffordert, Pfötchen zu geben, legt die Kleine fragend den Kopf schief, wirft sich probeweise auf den Boden, springt wieder auf und setzt sich. Und als sie dann doch Pfötchen gibt, wirkt sie völlig erschöpft. Belohnt wird der Winzling daraufhin mit einer regelrechten Klickorgie und jeder Menge Tubenwurst, und das bringt Tabithas Schwänzlein wieder zum Wedeln. »Haben Sie's begriffen?«, fragt mich die Dame fröhlich. »Ähm … klar«, lüge ich. »Vielen Dank, dass Sie sich die Zeit genommen haben, mir das alles zu erklären.« »Habe ich doch gern getan. Echt simpel, oder? Tschüssi!« Die Dame zieht mit ihrem Hündchen des Weges, und ich blicke ihr nach. Noch lange höre ich ihr heiteres Plaudern, unterbrochen vom Knacken des Clickers und dem Kläffen des Hundes. Nachdenklich greife ich nach meinen Tüten und gehe nach Hause. Obwohl Tabitha schlussendlich alles gemacht hat, was Frauchen von ihr wollte, kam mir die Kommunikation zwischen den beiden doch reichlich unklar vor.

Oder täusche ich mich? Gehören Versuch und Irrtum vielleicht genauso zum Clickern wie Belohnung und Begeisterung?

Ich nehme mir vor, das noch heute zu recherchieren. Ich will hinter das Geheimnis des richtigen Clickerns kommen!

Denn dass an der Gleichung »Chaos + Knack = Wurst« irgendetwas nicht stimmen kann, ahnt sogar eine Mathe-Niete wie ich.

ANDRÉS EXPERTENRAT ZUM THEMA
CLICKERN UND WIE ES FUNKTIONIERT

Wie die Zeit vergeht! Sirius ist keine Welpe mehr. Er hat nun, sehr zur Freude von Franziska, das Level »Junghund« erreicht. Die kleine Familie hat schon viele Herausforderungen erfolgreich gemeistert, und einige liegen gewiss noch vor ihnen. Um den fünften Lebensmonat herum beginnt für die meisten Hunde, sofern sie engagierte Menscheneltern haben, der intensive Kommunikationsaufbau.

DOPPELT HÄLT BESSER: DIE PERFEKTE BELOHNUNG

Wer eine Hundeschule besucht, wird merken: Hier geht es jetzt anspruchsvoller zu als noch in der Welpengruppe. Die Spielphasen fallen deutlich kürzer aus, und der Schwerpunkt liegt nun auf dem Auf- und Ausbau der Grundsignale. Denn in ein paar Monaten möchten alle vor allem ein Ziel erreichen, nämlich, dass sie zukünftig mit ihrem Hund überall und ohne Probleme unterwegs sein können. Bei vielen Hundeeltern tauchen in diesem Zusammenhang zum ersten Mal die Begriffe »Clicker« und »Clickertraining« auf – und damit einhergehend meist auch viele Fragezeichen. Unterm Strich halten wir uns im Hundetraining an eine einfache Gleichung: Gewünschtes Verhalten wird belohnt und damit verstärkt.

Nun gibt es aber viele Möglichkeiten, einen Hund zu belohnen, und eine Variante davon ist eben das Clickertraining. Die engagierte Dame aus unserer Geschichte hat diese Technik allerdings ein wenig missverstanden – und die kleine Tabitha mit ihrer ziemlich eigenwilligen Art der Umsetzung eher verwirrt.

Bevor man sich für das Clickertraining entscheidet, ist es daher wichtig, sich mit der Lerntheorie auseinanderzusetzen, die dieser Methode zugrunde liegt, und sich dann natürlich mit der korrekten Umsetzung vertraut zu machen. Andernfalls sind Fehler fast schon programmiert. Bitte nicht vergessen: Mit dem Training beeinflussen wir neuronale Vorgänge im Gehirn unseres Hundes. Es wäre also unverantwortlich, wenn wir dabei nicht wissen, was wir tun!

Die Klassische Konditionierung

Das Klickgeräusch selbst hat für unseren Hund zu Beginn noch keinerlei Bedeutung. Es entfaltet seine Wirkung erst, wenn wir es mit einer attraktiven Belohnung kombinieren. Dazu klicken wir und belohnen unseren Hund unmittelbar danach mit einem tollen Leckerbissen. Hier ist Tempo gefragt: Die Belohnung muss sehr schnell folgen, dafür haben wir maximal zwei Sekunden Zeit.

Beim Belohnen ist Tempo gefragt – sonst artet Konditionierung in Hypnose aus.

Nach etwa 50 Wiederholungen (also »Klick« plus Leckerchen) fängt der Hund an, das Klickgeräusch selbst als belohnend zu empfinden. Im Fachjargon spricht man hier von einer »Klassischen Konditionierung« – vielleicht erinnern Sie sich ja noch an diesen Begriff und an den »Pawlowschen Hund« aus dem Biounterricht.

Und plötzlich hat es klick gemacht!
Damit die positive Wirkung des Klickgeräusches erhalten bleibt, muss nach jedem Klick (immer und rasch) eine Belohnung folgen. Beachtet man dies nicht, nimmt die Wirkung des Clickers wieder ab, und er wird schlussendlich für den Hund bedeutungslos.

In diesem Zusammenhang höre ich häufig die sehr berechtigte Frage: Warum soll ich denn überhaupt vorher klicken, wenn ich meinem Hund danach auch noch mit einem Leckerchen belohnen muss? Sie lässt sich mit zwei Argumenten beantworten, die für den Gebrauch eines Clickers sprechen. Diese lauten wie folgt:

1. Ein großer Vorteil gegenüber einer »einfachen« Belohnung ist das Timing im Training, welches exakter nicht sein könnte. Mit dem Clicker ist es möglich, erwünschtes Verhalten des Hundes punktgenau einzufangen und zu bestätigen – und dann mit kurzer Verzögerung die richtige Belohnung hervorzuzaubern.
2. Auch der belohnende Effekt an sich ist ein Vorteil. Wenn ich das Klickgeräusch regelmäßig mit einer Belohnung kombiniere, wirkt es neuronal stärker als die Belohnung alleine.

Diese beiden Vorteile machen das Clickertraining so attraktiv, und deshalb genießt die Methode in der Hundeausbildung heute einen sehr guten Ruf und ist wirklich weit verbreitet.

In den Kursen meiner Online-Hundeschule biete ich übrigens beide Varianten an, die Ausbildung mit und ohne Clicker. Jeder Teilnehmer kann dann selbst entscheiden, wie er seinen Vierbeiner trainieren möchte. Mit beiden Varianten erzielt man sehr gute Ergebnisse, wobei das Clickertraining ein klein wenig die Nase vorn hat.

Der Clicker ist also eine Option, die man nutzen kann, aber nicht zwingend muss. Ich persönlich finde, dass die Technik gegenüber einer einfachen Belohnung einige Vorteile bietet. Sie stellt somit ein wertvolles Hilfsmittel in der Hundeausbildung dar.

Klar ist aber auch: Gerade am Anfang wird die Arbeit mit dem Clicker vielen Hundehaltern etwas umständlich vorkommen. Schließlich hält man in der einen Hand den Clicker, in der anderen die Belohnung und vielleicht auch noch den Hund an der Schleppleine, der sich spontan dazu entschließt loszuschießen …

ANDRÉS EXTRATIPP

Achtung, beim Clickern gibt es einige Fallstricke. Der erste Fehler ist, die echte Belohnung nach dem »Klick« irgendwann wegzulassen. Tut man dies, wird das Geräusch für den Hund nach und nach immer bedeutungsloser. Ein weiterer Irrtum ist, das Klicken vorwegzunehmen. Generell gilt: Der Hund bekommt den Clicker erst dann zu hören, wenn er etwas richtig gemacht hat – und nicht, wenn wir ihn dazu bringen wollen, etwas richtig zu machen. Der »Klick« dient also nie als Primärsignal, um den Hund zu einer Handlung zu motivieren.

Am besten einfach ausprobieren

Doch mit etwas Übung und Geduld geht das Ganze bald in Fleisch und Blut über. Das Clickern wird dann zur Routine, und man nutzt diese Belohnungsvariante, ohne groß darüber nachzudenken.

Meine Empfehlung: Probieren Sie das Clickertraining mit Ihrem Hund eine Zeit lang aus. Wenn Sie merken, dass Ihnen das keinen Spaß macht, trainieren Sie einfach ohne Clicker weiter – und das mit ebenso guten Erfolgsaussichten.

20 PEINLICH HOCH ZEHN – DER SIRIUS-SUPERGAU

Sirius ist ein toller Hund, das fällt mir immer wieder auf – in letzter Zeit sogar noch öfter als am Anfang, denn die Sorgen und Nöte der Babyzeit liegen ja hinter uns! Wir sind jetzt ein eingespieltes Team, wir Menschen und er. Wir kennen uns gut, können uns gegenseitig einschätzen und führen alle zusammen ein angenehmes Familienleben.

Das zumindest dachte ich *vor* diesem Waldspaziergang, *vor* dieser Begegnung, *vor* Sirius' Pinkel-Attacke.

Sirius an der Leine, laufe ich mit hochrotem Gesicht nach Hause und frage mich, ob das peinliche Erlebnis, das hinter mir liegt, vielleicht bloß ein Tagtraum war. Einer der unangenehmeren Art.

HUNDEOHREN AUF DURCHZUG

Ich habe viel geschrieben in den letzten beiden Wochen, bin ein bisschen überarbeitet – wäre es nicht möglich, dass ich Halluzinationen habe?

Ich seufze. Denn natürlich weiß ich, dass ich keine Halluzinationen habe. Dafür aber einen Hund, der mir plötzlich fremd ist.

Ich meine, was bitte war *das* gerade?!

Ich werfe einen finsteren Blick auf Sirius, der unbekümmert neben mir hertrabt. Er dreht den Kopf und blickt mich an, achtet aufmerksam darauf, ob ich etwas von ihm will … doch zum ersten Mal, seit wir ihn haben, lächle ich meinen Hund nicht an, sage kein nettes Wort und gebe ihm schon gar kein Leckerchen. Stattdessen knirsche ich mit den Zähnen.

Ja, jetzt tut er wieder so, als könne er kein Wässerchen trüben!

Ich bin wirklich sauer. *Supersauer!*

Sirius scheint das zu spüren, denn er läuft eins a an der Leine: kein Schnüffeln, kein Ziehen, stattdessen ein wirklich vorbildliches Gehen bei Fuß, obwohl wir das eigentlich noch gar nicht so intensiv geübt haben.

Kluges Kerlchen, denke ich grimmig. Aber dass du dich jetzt einschleimst, macht die Sache auch nicht besser! Ich hoffe nur, dass ich den Mann mit dem knurrenden Mischling niemals wiedersehe.

Was der Typ wohl von mir denken mag? Dass ich meinen Hund nicht im Griff habe, vermutlich; dass ich mir eine einfachere Rasse hätte aussuchen sollen. Dass Leute wie ich lieber Zierfische halten sollten oder dass ich für die Waschmittelindustrie arbeite. Mein Mund verzieht sich zu einem kläglichen Lächeln, das mir jedoch gleich wieder vergeht.

Verdammt, muss ich von nun an jedes Mal auf Sicherheitsabstand gehen, wenn ich auf andere Hundehalter treffe?!

Überraschung für den Mann mit Mischling

Dabei hatte dieser Spaziergang so fantastisch begonnen.

Ich genoss die warme Juniluft, den würzigen Geruch des Waldes, meinen süßen Junghund, der auch ohne Leine brav in meiner Nähe blieb.

Das Leben war wundervoll, dieser Tag war wundervoll, Sirius war einfach wundervoll! Auch noch, als uns ein Mann mit einem gefleckten Mischling entgegenkam. Der Hund war nicht groß und sah niedlich aus. Aber Sirius machte sich vorsichtshalber trotzdem klein, als die beiden aufeinander-trafen. Es wurde kurz geschnüffelt, Sirius wedelte mit dem Schwanz, der Gefleckte knurrte leise, und mein Jungspund ging höflich auf Abstand.

»Aha! Laternenpfähle sind also manchmal auch aus feinem Stoff und Leder!«

Die Situation war also sofort wieder entspannt. Alles im grünen Bereich. Der Mann und ich tauschten ein paar freundliche Worte aus, wie man das unter Hundefreunden so macht. Und gerade als er sich für das Knurren seines Vierbeiners entschuldigte und ich lächelnd abwinkte, ach, das sei doch Kommunikation, passierte es: Mein höflicher, braver Sirius hob das Bein – und pinkelte dem Mann mit zielsicherem Strahl gegen die Jeans. Wir Menschen erstarrten.

Wenn Hund sein Ding macht

Sirius und der Gefleckte wandten sich lautlos ab und gingen schon mal vor, jeder in seine eigene Richtung.

»Das, äh, das«, stotterte ich, während mein Gesicht heiß wie Lava wurde, »das kann ich mir jetzt wirklich nicht erklären, es tut mir total leid, ich verstehe überhaupt nicht, wieso …«

Der bitterböse Blick des Mannes ließ mich verstummen. Und schlagartig begriff ich, wie der Ausdruck »angepisst« entstanden sein muss.

Säuerlich fragte er: »Macht der das öfter?«

»Nie!« Ich schluckte. »War das erste Mal. Er ist sechs Monate alt, vielleicht ist das die Pubertät, möglicherweise wollte er …«

Doch leider fiel mir nichts ein. Was zur Hölle hatte ihn zu dieser Aktion getrieben? Er war doch vor drei Sekunden noch so unterwürfig gewesen! Jedenfalls dem Mischling gegenüber.

»Ich geh dann besser, bevor Ihr Hund zurückkommt und mir noch mal an die Hose pinkelt«, sagte der Mann. »Viel Glück wünsche ich Ihnen.«

Wie war das denn jetzt gemeint? Nicht positiv, fürchtete ich.

»Danke«, sagte ich leise und schämte mich in Grund und Boden.

Der Mann folgte seinem Mischling, ich meinem Border, und alles war anders als zuvor: Die laue Juniluft, der würzige Duft des Waldes und mein missratener Junghund konnten mich mal.

Ein Scheiß-Spaziergang war das!

In dieser Stimmung bin ich jetzt, wo wir fast zu Hause sind, immer noch. Daran ändert auch Sirius' braves Bei-Fuß-Gehen nichts. Weshalb der Kerl offenbar einsieht, dass ihm tadelloses Verhalten im Moment nicht aus der Patsche hilft – er also genauso gut sein eigenes Ding machen kann!

Denn kaum ist Sirius zu Hause abgeleint, trottet er nicht etwa in unseren Garten, sondern sprintet wie besessen hinüber zu den Nachbarn. Alles Rufen und Schimpfen nützt nichts, Sirius hat die Ohren auf Durchzug gestellt. Schnell wie der Blitz erreicht er den Behälter mit Küchenabfällen, den die Nachbarin vor ihrer Haustür abgestellt hat. Und noch schneller – ich komme gar nicht hinterher, um ihn aufzuhalten – hat er das Eimerchen geräubert und dann säuberlich ausgeschleckt.

Tja. Das wird die werte Dame vielleicht sogar freuen. Ihre Abfälle muss sie heute jedenfalls nicht mehr zur Biotonne tragen.

Im Wohnzimmer lasse ich mich frustriert aufs Sofa fallen. Dieser Spaziergang war der totale Misserfolg, von vorne bis hinten. Wie war das noch mit dem angenehm-entspannten Familienleben nach der Welpenzeit?

Ich fürchte, damit ist es schon wieder vorbei.

Denn wenn mich nicht alles täuscht, ist Sirius in der Pubertät … und was er heute angestellt hat, war vermutlich erst der Anfang.

Na, das kann ja heiter werden! ⊶

ANDRÉS EXPERTENRAT ZU MERKWÜRDIGEN MISSVERSTÄNDNISSEN

Wie unangenehm! Nach so einem Erlebnis würde vermutlich jeder Hundehalter am liebsten im Boden versinken. Völlig verständlich, dass Franziska verärgert war. Da hat sie sich in den letzten Monaten tagtäglich ins Zeug gelegt, um ihrem kleinen Sirius gute Manieren beizubringen – und dann so was!

ÄNGSTLICH ODER FRECH?

Das Interessante am »Supergau« aus unserer Geschichte ist, dass die Grundmotivation des Hundes eine ganz andere ist, als man zunächst vermuten würde. Vorfälle, wie sie der Mann mit Mischling über sich ergehen lassen musste, werden häufig als aufmüpfiges

Dominanz- und Territorialverhalten abgestempelt. Tatsächlich handelt es sich aber um das genaue Gegenteil! Solche »Unarten« treten meist zwischen dem sechsten und zwölften Lebensmonat auf, vor allem bei Rüden. In diesem Alter durchlaufen viele Hunde (aber auch Hündinnen) eine Angst- bzw. Unsicherheitsphase. Jetzt kann plötzlich eine Fülle von Auslösern ungute Gefühle verursachen: Einige Hunde haben auf einmal Angst vor diversen Gegenständen oder meiden Unterführungen und Brücken, die sie zuvor problemlos überquert haben. Andere Vierbeiner sind unsicher gegenüber Menschen oder fremden Hunden.

Diese Phase geht vorüber

Für uns ist in diesem Zusammenhang wichtig zu wissen, dass diese Unsicherheitsphase existiert und dass sie in der Regel nach einigen Wochen auch wieder verschwindet. Doch wie geht man mit ihr um? Am besten, indem man seinen Junghund motiviert und unterstützt, sobald er unsicher wird oder emotional abzurutschen droht. Handelt es sich beispielsweise um leichte Ängste beim Spazierengehen, klappt das hervorragend mit einem freundlichen und animierenden »Weiter«. Hat der Hund zu Hause Angst vor Besuchern, ist es sinnvoll, ihn auf seinen Ruheplatz zu schicken. Dort fühlt er sich am sichersten und wohlsten. Wichtig dabei: Bitten Sie Ihren Besuch, den Hund zu ignorieren – zumindest so lange, bis er sich völlig entspannt hat.

Erst Respekt, dann Wasser marsch!

Nun habe ich etwas weiter ausgeholt. Eigentlich wollten wir ja über den peinlichen Zwischenfall sprechen, den Franzi mit Sirius im Wald erlebt hat. Aber auch dieses Verhalten resultiert aus der eben beschriebenen Unsicherheitsphase: Man bezeichnet es als »unterwürfiges Urinieren«. Sirius hat in unserer Geschichte also keineswegs den frechen Draufgänger gespielt, der mutig sein Revier markiert, sondern ganz im Gegenteil: Er hat sich mit dieser Geste unterworfen. Warum? Weil er sich dem Mann gegenüber – und generell

Balanceakt auf Baumstämmen – für selbstbewusste Hunde kein Problem.

in der Situation – unsicher fühlte. Hinzu kommen vermutlich noch eine gewisse Aufregung und eine daraus entstandene Übersprunghandlung. Alles zusammen hat dazu geführt, dass der Herr leider mit nassem Hosenbein nach Hause gehen musste.

Selbstvertrauen macht stark

An diesem Beispiel sieht man recht schön, wie wichtig es ist, das Verhalten unserer Hunde zu hinterfragen. Wer seinen Hund nach jeder vermeintlichen Missetat als frech und unsozial abstempelt und dann mit Strafe reagiert, hat ihn vielleicht völlig missverstanden und erreicht das Gegenteil von dem, was wir eigentlich wollen: Der Hund wird noch unsicherer, und im ungünstigsten Fall verstärkt sich das »Problemverhalten« sogar.

In einer Angst- und Unsicherheitsphase unterstützt man seinen Hund am meisten, wenn man sein Selbstvertrauen fördert. Hier wirken Übungen, die dem Vierbeiner Spaß machen und die er erfolgreich meistern kann, oft Wunder. Unbedingt vermeiden sollten Sie jede Art der Bestrafung; und auch ein allzu strenger Umgangston ist nicht angebracht. Wenn Sie es so machen, geht auch diese Phase schnell vorüber, und Ihr Hund geht gestärkt aus ihr hervor.

21 AUCH HUNDE KOMMEN IN DIE PUBERTÄT

Es gibt Nachbarn, die werden zu Freunden, und Nachbarn, die werden zu netten Bekannten. Dann gibt es noch die, zu denen man bloß »Hallo« sagt, und die, denen man besser aus dem Weg geht. So weit, so gut.

Leider gibt es jedoch auch Nachbarn, die wie der Wolf im Schafspelz sind: Solange alles nach ihren Wünschen verläuft, sind sie einigermaßen angenehme Zeitgenossen – aber wehe, irgendetwas passt ihnen nicht, und sei es nur die Art und Weise, wie man sein Fahrrad abstellt! Dann mutieren diese Nachbarn zu Gift und Galle spuckenden Scheusalen.

EIN STROLCH NAMENS SIRIUS

Und nun raten Sie mal, wen sich unser Vierbeiner herausgepickt hat, um uns zu beweisen, dass er jetzt aber *wirklich* in der Pubertät ist?

Unsere vielen, vielen liebenswerten Nachbarn? Oder das eine mürrische Rentnerehepaar, mit dem es um jeden Mist Streit gibt?

Bingo! Um ganz ungezwungen seine Flausen auszuleben, hat sich Sirius natürlich für die beiden Scheusale entschieden.

Weshalb er sich heute, als wir nach dem Morgenspaziergang am geöffneten Gartentor besagter Nachbarn vorbeilaufen, mit voller Kraft von mir losreißt und durch die Pforte zur Haustür des Rentnerduos fetzt. Dort steht nämlich – mal wieder – ein verlockendes Eimerchen mit Küchenabfällen, und dieses Eimerchen hat Sirius in sehr guter Erinnerung.

Seit er es zum ersten Mal geräubert hat, führe ich ihn zwar nur noch angeleint an diesem Grundstück vorbei, aber dass mein halbstarker Junghund auf die Idee kommen könnte, sich mit so viel Schmackes einfach von mir loszureißen … damit habe ich nicht gerechnet.

Unser Border rast also mit wehender Leine zu seinem zweiten Frühstück, und just, als ich »Sirius! Hiiierher!« brülle, öffnet Frau Scheusal die Tür.

Sie erblickt meinen Hund und stößt einen gellenden Schrei aus. Sirius stürzt sich schwanzwedelnd auf den Biomüll.

»Rufen Sie Ihren Köter zurück!«, zetert die Nachbarin mit puterrotem Gesicht. »RUFEN SIE IHREN KÖTER ZURÜCK!«

Würde ich ja gerne, oder genauer: Tue ich ja schon. Nur leider hat mein Hund scheinbar Tomaten auf den Ohren, vielleicht ja aus dem Biomüll? Meine »Hierher«-Signale ignoriert er jedenfalls mit einer Konsequenz, die fast schon bewundernswert ist. Bei Kindern nennt man dieses Phänomen scherzhaft »selektive Muttertaubheit«; die »selektive Frauchentaubheit« gibt es also offensichtlich auch.

Nicht, dass mir diese Erkenntnis gerade irgendetwas nützen würde. Ich habe Sirius beinahe erreicht. Er hebt den Kopf und blickt mir glücklich entgegen, aus seinem Maulwinkel baumelt eine kalte Nudel. Doch als ich nach Sirius' Leine greifen will, beschließt er, dass das Festmahl nun vorbei ist und jetzt Spiel und Sport auf dem Programm stehen. Mit einem abrupten Satz springt er von mir weg, die Nudel fliegt durch die Luft und bleibt auf Frau Nachbarins Tweedrock kleben. Sirius bekommt davon nichts mit. Er saust schon längst mit Karacho durch den Garten, während ich ächzend (aber absolut chancenlos) hinter ihm herhetze.

Jetzt hilft nur noch die Notbremse

»Nun fangen Sie doch endlich diesen geisteskranken Köter ein!«, keift Frau Scheusal hilfreich. Sirius aber denkt gar nicht daran, sich einfangen zu lassen. Fangen zu spielen, ist ja auch viel lustiger! Also für ihn.

Ich hingegen weiß nicht, über wen ich mich in diesem Moment mehr aufregen soll: Über die alte Nachbarin, die mich anschreit, dass das ihr Garten sei, *ihrer!* Und dass Sirius hier nichts, aber auch *gar nichts* zu suchen habe. Oder über meinen Hund, der mich – seien wir ehrlich – gerade nach Strich und Faden verarscht!

Jetzt hilft nur noch die Notbremse! Es dauert ein paar Augenblicke, doch dann kommt Sirius nah genug heran, dass ich auf seine Leine treten kann. Zu seiner Verblüffung wird der kleine Lump mitten im Davonspringen gestoppt, landet auf seinem Hintern und blickt mich völlig verdattert an. Langsam scheint ihm zu dämmern, dass jetzt Schluss mit lustig ist.

»Oje, ich habe mein Gedächtnis verloren! Vielleicht hat es sich ja hier versteckt?«

»Dieser widerliche Köter!«, zischt Frau Scheusal und meckert sich dann regelrecht in Rage. »Überhaupt keine Erziehung! Zu meiner Zeit, das sage ich Ihnen, hätte man so einer Bestie mit einem Stock die Leviten gelesen. Da wusste man nämlich noch, was sich gehört, verstehen Sie? Zu meiner Zeit haben Hunde und Kinder noch *ein-wand-frei* funktioniert, und zwar deshalb, weil man die Kameraden *er-zo-gen* hat!«
Erst das Fangenspielen, jetzt diese militante Wutrede … und das alles noch vor dem ersten Kaffee. Himmel hilf!

Auf Wiedersehen, Frau Scheusal!
Erschöpft starre ich meine Nachbarin an. Gestern hatte sich die Dame bei mir noch eine Packung Mehl und zwei Eier ausgeliehen. Sie nahm dies zum Anlass, eine halbe Stunde lang auf meinem Sofa zu sitzen und mich mit einem Sermon über »diese schlampigen jungen Leute von nebenan« zu beglücken. Zum Abschied tätschelte sie Sirius sogar den Kopf.
Und heute empfiehlt mir dieselbe Frau, meinen Hund mit einem Stock zu verprügeln?! Und Noah wahrscheinlich gleich mit. Schließlich müssen auch Kinder *ein-wand-frei* funktionieren!

Ich spüre, wie in meinem Inneren eine Tür zufällt, wie alles in mir gegen Frau Scheusal und ihre verstaubten Ansichten rebelliert. Okay, Sirius hat sich schlecht benommen. Aber diese Frau benimmt sich noch schlechter, und dafür würde ich sie ja auch nicht gleich verprügeln! »Wissen Sie was? Ich bin froh und dankbar, dass wir nicht mehr in Ihrer geliebten Vergangenheit leben«, sage ich kühl. »Auf Wiedersehen.« Ich wende mich ab, und hocherhobenen Hauptes ziehe ich mit Sirius von dannen. Die missmutigen Blicke der Nachbarin bohren sich in meinen Rücken und folgen mir bis zur Straße.

Mein Hund leidet an Gedächtnisschwund

»Mensch, Sirius«, knurre ich so leise, dass mich die Alte nicht hören kann. »Hättest du, wenn es denn unbedingt Abfälle sein müssen, nicht unseren eigenen Biomüll räubern können? Der ist auch ganz köstlich!«

»Oder unseren, Franzi«, höre ich die vergnügte Stimme einer anderen Nachbarin. »Er ist herzlich dazu eingeladen! Wenn Sirius unseren Eimer nämlich richtig schön ausleckt, ist das Ding endlich mal wieder sauber.«

»Hallo, Mira.« Ich lächle schief. »Du hast alles mitbekommen?«

»Na klar. In dieser Straße bleibt doch nichts geheim.«

Mira, die zu jenen sympathischen Nachbarinnen gehört, mit denen mich inzwischen eine Freundschaft verbindet, zwinkert mir zu. »Ich weiß *alles*, Franzi! Zum Beispiel, dass du einen wirklich tollen Hund hast, auf den die Bezeichnung *Köter* nicht im Geringsten passt. Oder dass du dich von der alten Beißzange da drüben«, ihr Kinn ruckt zu Frau Scheusal, die mit verschränkten Armen an ihrer Gartenpforte steht und uns argwöhnisch beobachtet, »auf keinen Fall verunsichern lassen solltest.«

»Tu ich überhaupt nicht!«, antworte ich im Brustton der Überzeugung.

Aber so ganz wahr ist das leider nicht.

Denn er macht schon extrem viel Unfug zurzeit, unser Sirius.

Heute der Überfall auf den Nachbargarten.

Gestern ist er im Wald abgehauen.

Vorgestern hat er drei frisch gesetzte Dahlien wieder ausgebuddelt.

Und vorvorgestern ist er gefühlte hundertfünfzig Mal aufs Sofa gesprungen, obwohl er seit Monaten weiß, dass er das nicht darf.

Diese Regel hatte er nämlich quasi über Nacht vergessen … ebenso wie »Hierher« und »Schluss« und überhaupt sämtliche Signale, die er bis vor Kurzem noch aus dem Effeff beherrscht hat.

Puh, das ist echt frustrierend!

Als hätte sie meine Gedanken gelesen, sagt Mira tröstend: »Die Pubertät geht schneller vorbei, als du denkst. Glaub mir, ich habe das schon mit zwei Kindern durchgemacht! Wenn man mittendrin steckt, hat man das Gefühl, der Krach und die Diskussionen enden nie. Aber dann, schwupp, sind die Kinder groß, und du reibst dir die Augen und stellst fest, ach Gott, so dramatisch war's doch eigentlich gar nicht!«

Ich denke kurz nach und muss schmunzeln.

»Und mit Hundekindern läuft das genauso?«

»Selbstverständlich. Mit dem Unterschied, dass deine Kinder irgendwann ausziehen und du dann nichts mehr zu melden hast, dein erwachsener Hund hingegen bei dir wohnen bleibt und noch dazu tipptopp auf dich hört. Wenn das mal keine super Sache ist!«

Wir lachen beide.

Das Ende der Welt – tatsächlich?

Als wir uns voneinander verabschieden, ist meine gute Laune wieder komplett hergestellt. Mira geht ins Büro, Sirius und ich ins Homeoffice. Und Frau Scheusal? Die rennt wahrscheinlich schnurstracks zu Herrn Scheusal, damit beide gemeinsam schimpfen und lästern können: über meinen halbwüchsigen Köter, über die schlampigen Mittzwanziger von nebenan und, ganz allgemein, über den moralischen Bankrott der menschlichen und tierischen Jugend im 21. Jahrhundert.

Denn wusste man es nicht schon in der Antike?

»Unsere Jugend ist heruntergekommen und zuchtlos.

Die jungen Leute hören nicht mehr auf ihre Eltern.

Das Ende der Welt ist nahe.« (Keilschrifttext, Chaldäa, um 2000 v. Chr.)

»Herrje«, sage ich grinsend zu meiner heruntergekommenen, zuchtlosen Fellnase. »Da müssen wir uns ja auf was gefasst machen!«

Sirius wedelt mit dem Schwanz. Und als unsere Blicke sich treffen, könnte ich schwören, dass er lacht. 🦴

ANDRÉS EXPERTENRAT ZU
PUBERTIEREN OHNE MANIEREN

Wäre Sirius ein Menschenkind im Teenageralter, würde er wahrscheinlich denken: »Pubertät ist, wenn die Eltern plötzlich schwierig werden«. Seine Hormone spielen jetzt verrückt, schlagen manchmal regelrecht Purzelbäume, und viele Dinge, die er eigentlich schon gelernt und verinnerlicht hatte, versteht er nicht mehr. Na gut, einige will er natürlich auch einfach nicht mehr verstehen! Wohnt dann nebenan auch noch eine Nachbarin »alter Schule«, kann das Leben mit Pubertier ganz schön anstrengend sein.

DIE ACHTERBAHNFAHRT BEGINNT

Um den sechsten Lebensmonat herum kommen die meisten Hunde in die Pubertät. Mit Einsetzen der Geschlechtsreife werden Hündinnen das erste Mal läufig, und Rüden beginnen, beim Pinkeln ihr Hinterbein zu heben. Dies sind natürlich nicht die einzigen Merkmale der Pubertät, aber zwei sehr typische.

Viele Hundeeltern fürchten sich vor der »Flegelzeit« ihres Schützlings. Sie sorgen sich, dass sie die Kontrolle über ihren Hund verlieren, oder haben Angst, dass jugendliche Marotten für immer bleiben und das Zusammenleben fortan unmöglich wird.

Kein Drama, wenn wir vorbereitet sind

Da kann ich schon mal beruhigend Entwarnung geben. Meist ist diese Entwicklungsphase mit ihren Schattenseiten und »Auswüchsen« gar nicht so schlimm wie erwartet. Und wenn wir unerwünschtes Verhalten rechtzeitig auffangen und dann gegensteuern, wird selbst der aufmüpfigste Halbstarke bald wieder vernünftig! Häufig werden Hunde in der Pubertät missverstanden. Viele Menschen denken, sie müssten ihren jungen Hund mit Härte und Nachdruck durch diese Lebensphase führen. Schließlich hört der Lump ja mit Absicht nicht mehr auf ihre Kommandos und tanzt ihnen, so wird das zumindest empfunden, rotzfrech auf der Nase herum.

Es fallen dann Sätze wie: »Der testet seine Grenzen aus, Markus. Ich sag´s dir! Der weiß doch ganz genau, was wir von ihm wollen!« Meist ist das aber gar nicht so. Mit Einsetzen der Geschlechtsreife finden unter anderem tiefgreifende Veränderungsprozesse im Gehirn des Hundes statt. Neuronale Verbindungen, also bisher Erlerntes, werden teilweise gelöscht, und ganz neue Verknüpfungen entstehen. Man kann sich das wie einen großen Umbau im Kopf vorstellen. Und wie das bei Baustellen eben so ist, führen auch diese neuronalen Bauarbeiten zu Überraschungen und Einschränkungen: Teilweise reagiert unser Hund nicht so, wie wir das wollen, weil er einfach nicht mehr weiß, was wir von ihm wollen!

Wege aus dem neuronalen Niemandsland
Wichtig ist jetzt, nicht mit Druck zu reagieren, sondern feinfühlig und mit Nachsicht: Wenn ich merke, dass mein Hund gerade auf dem Schlauch steht und Erlerntes nicht so gut umsetzen kann, verändere ich einfach kurz die Situation und hole ihn so aus seinem neuronalen Niemandsland ab. Warte ich beispielsweise an einer Ampel, an der mein Hund bisher immer schön brav »Sitz« gemacht hat, jetzt aber nicht mehr, positioniere ich mich einfach neu!

»Ich stehe nicht auf dem Schlauch, ich liege auf dem Schlauch … sieht man doch!«

Ich gehe zwei Schritte weiter, lenke motivierend die Aufmerksamkeit des Hundes auf mich und gebe dann erneut das Signal »Sitz«. Die Wahrscheinlichkeit, dass es diesmal klappt, ist sehr hoch.

ANDRÉS EXTRATIPP

Ein tolles Hilfsmittel während der Pubertät ist die Schleppleine – ich empfehle die sehr flexibel einsetzbare, fünf Meter lange Ausführung. Die Spezialleine sorgt dafür, dass der Hund nicht ungehemmt seinen jugendlichen Impulsen folgen kann, und verhindert, dass sich mühsam aufgebaute Signale abnutzen. Je nach Trainingsstand hält man die Schleppleine in der Hand oder lässt sie den Hund (als eine Art »Notsicherung«) hinter sich herziehen. Häufig wird Hunden in der Pubertät hinterhergerufen, ohne dass sie darauf reagieren. Das müssen wir unbedingt vermeiden – die Schleppleine hilft uns dabei!

Gute Zeiten, schlechte Zeiten

Die meisten Hundebesitzer erleben die Pubertät ihres Hundes in Wellen. Es gibt also Tage und Wochen, in denen es gut läuft, und solche, wo einfach gar nichts funktioniert.

In den schlechten Phasen ist es wichtig, die Kontrolle über den Hund zu behalten und bei Verhaltensauffälligkeiten direkt gegenzusteuern. Es gibt jedoch zwei typische Fehler, mit denen sich Hundeeltern das Leben mit Pubertier unnötig schwer machen:

★ Der erste Fehler ist, nach der Welpenzeit, also kurz vor der Pubertät des Hundes, das Training einzustellen. Tut man dies, löst sich Erlerntes langsam auf bzw. wird infolge der bereits angesprochenen neuronalen Veränderungen lückenhaft. Daraufhin wird sich der Hund zunehmend verselbstständigen, da er nicht mehr zuverlässig auf Signale reagiert und jetzt ungehemmt seine eigenen Ziele verfolgt.

★ Der zweite Fehler unterläuft Hundeeltern, die zwar nach der Welpengruppe weitertrainieren, dann aber zu hohe Ansprüche haben. Da sie in der Hundeschule jetzt zu den Fortgeschrittenen zählen, erwarten sie von ihrem Junghund schnelle Lernerfolge – und sind dann umso frustrierter, wenn ihr pubertierender Vierbeiner plötzlich die simpelsten Aufgaben nicht mehr umsetzen kann. Wird der Hund daraufhin zu großem Leistungsdruck ausgesetzt, bleiben die gewünschten Erfolge erst recht aus. Denn unter Stresseinfluss können Hunde gar nicht oder nur sehr wenig lernen. Richtig wäre es in diesem Fall, die Übungen zu vereinfachen und mit dem Hund in reizarmer Umgebung zu trainieren. Wird die Kommunikation dann zuverlässiger, kann man das Niveau langsam wieder steigern.

Ein Schritt zurück, dann zwei nach vorn

Fest steht: Die Pubertät eines Hundes ist ein Lebensabschnitt, vor dem man keine Angst haben muss. Wenn wir uns ein wenig vorbereiten und wissen, was da auf uns zukommt, kann eigentlich gar nicht so viel schiefgehen.

Ich persönlich arbeite in Phasen, in denen mein Hund schlechter auf Signale reagiert oder Erlerntes scheinbar über Nacht vergessen hat, mit einer Schleppleine. Sie funktioniert als Bindeglied zwischen Freilauf und der kurzen Führleine und gibt mir genau die Kontrolle über meinen Schützling, die ich brauche.

Gleichzeitig gestalte ich die Übungen etwas einfacher und trainiere weiterhin mit tollen Belohnungen. So ist die Wahrscheinlichkeit hoch, dass sich im Köpfchen meines Hundes alles wieder so verdrahtet und verschaltet, wie ich es mir langfristig für unser gemeinsames glückliches Zusammenleben wünsche.

Und an Tagen, an denen ich nach dem Gassigang frustriert die Haustüre schließe, denke ich stoisch: »Auch das geht vorüber!«

Es ist Juli, und der Sommerurlaub steht an. Ich freue mich schon seit Wochen wie Bolle – wie könnte es auch anders sein, wenn Strand, Meer und Erholung auf uns warten? Ich hoffe jedenfalls sehr, dass es für Noah und unsere Fellnase so richtig tolle Ferien werden!

Ach ja, und für meinen Mann und mich möglichst auch.

Was Letzteres betrifft, bin ich mir allerdings schon auf der Autobahn nicht mehr so sicher. Noah nörgelt, dass *alle* seine Freunde dieses Jahr mit dem Flugzeug verreisen und *bloß er* wieder mal im blöden Auto hocken muss, und Sirius hat bereits zweimal in den Kofferraum gekotzt.

BALKONIEN MIT MEERBLICK

»Eigentlich wird ihm beim Autofahren ja nicht mehr schlecht«, sage ich zu meinem Mann. »Muss wohl an der Aufregung liegen.«

»Solange das nicht die nächsten acht Stunden so weitergeht …«

Tim seufzt und wirft mir dabei einen sorgenvollen Blick zu, den ich aber mit einem tapferen Lächeln erwidere.

»Ach was. Aller Anfang ist schwer. Bestimmt wird der Urlaub selbst dann umso schöner. Nein, der wird sogar fantastisch, glaub mir!«

»Dein Wort in Gottes Ohr«, brummt Tim.

Doch Gott hat heute scheinbar Stöpsel in den Ohren.

Denn nachdem wir die Anreise mit Ach, Krach und unzähligen Zwangspausen endlich hinter uns gebracht haben und erschöpft am Ziel unserer Sehnsüchte angelangt sind, erwartet uns umgehend die nächste Herausforderung: das Hotelrestaurant!

»Ich bedaure«, erklärt uns der livrierte Kellner am Eingang, »Ihr Hund darf die Speiseräume leider nicht betreten.«

»Aber … in der Beschreibung des Hotels im Internet steht doch …«

Hotelzimmer oder lieber zum Strand? Für Hunde die einfachste Frage der Welt.

»Ich weiß.« Der Livrierte hebt entschuldigend die Hände. »Bis zur vergangenen Saison durften Hunde tatsächlich ins Restaurant mitgenommen werden. Doch es gab einige … ähm … *unschöne* Vorfälle, woraufhin die Hotelleitung diese Regel bedauerlicherweise ändern musste.«

Wir müssen leider draußen bleiben

Er beugt sich zu Sirius hinunter und streicht ihm über den Kopf. »Dabei bist du so ein Hübscher, und ganz brav, hm? Aber du wirst sehen, im Hotelzimmer ist es auch schön! Bestimmt macht deine Familie vor dem Essen noch einen schönen Spaziergang mit dir, und wenn du dann allein im Zimmer bist, kannst du fein Nickerchen machen!«

»Ich will aber nicht mehr spazieren gehen, ich hab Hunger«, jammert Noah. »Einen Riesenhunger! Jetzt!«

Und da mein Sohn so unfassbar hungrig und mein Mann den ganzen Tag gefahren ist und deshalb ziemlich in den Seilen hängt, bin ich es, die sich schließlich zähneknirschend in ihr Schicksal fügt: Statt meinen knurrenden Magen zu füllen, bahne ich mir meinen Weg durch Restaurant und Hotellobby nach draußen, um unseren Junghund müde zu laufen.

»Da habt ihr was verpasst. Es war ein total schöner Spaziergang!«, erzähle ich meinen Männern eine Stunde später begeistert.

Vor mir steht ein Teller mit mediterranem Grillgemüse, Oliven und jeder Menge cremigem Hummus, der Duft von Rosmarin und Knoblauch steigt mir in die Nase, und so langsam komme ich in Ferienstimmung.

»Sirius und ich waren nämlich am Meer. Eigentlich darf man hier nicht mehr mit Hunden ans Wasser – der im Netz angepriesene Hundestrand ist passé, diese Regel hat die Hotelleitung wohl auch gekippt –, aber jetzt in den Abendstunden war kaum jemand dort, also haben wir's trotzdem gewagt.«

»Wie hat es Sirius denn am Meer gefallen?«, fragt Noah neugierig, doch noch bevor ich berichten kann, dass unser kleiner Naseweis einen großen Schluck Salzwasser genommen

»Gibt's in der Minibar auch Leckerchen?«

und sich danach fünf Minuten lang von der Nasen- bis zur Schwanzspitze geschüttelt hat, hören wir es. Ein fernes, helles Heulen, wie von einem jungen Wolf. Oder wie von …»Sirius«, knurre ich.»Verdammt!«

Leere Mägen, jammernder Junghund
Mein Mann runzelt die Stirn.»Komisch, zu Hause ist das Alleinbleiben doch gar kein Problem mehr. Oder, Franzi?«

»Nein, es klappt super«, stimme ich ihm zu, während das Heulen lauter und lauter wird. Die ersten Hotelgäste horchen irritiert auf.

»Na ja, hier ist alles neu für ihn, vielleicht liegt es daran«, versuche ich mich an einer Erklärung.»Jaulen lassen können wir ihn jedenfalls nicht. Soll ich zu ihm gehen oder du?«

»Lass mal. Ich bin dran.«

Tim legt Serviette und Besteck zur Seite und schwingt sich, nach einem kurzen, bedauernden Blick auf seine Tagliatelle, vom Stuhl. Keine fünf Minuten später ist er wieder da und lächelt. »Ich habe Sirius einen Kauknochen gegeben«, verkündet er stolz. »Damit sollte der Racker jetzt erst mal ein Weilchen beschäftigt sein!«

Ist er auch.

Ganze zwei Minuten lang.

Dann geht das Heulen wieder los, und die Gäste, die zuvor nur irritiert gelauscht hatten, schütteln nun verärgert die Köpfe.

Ein Glas Wein in bester Gesellschaft

Diesmal bin ich es, die ins Zimmer eilt, um unserem Hund zu beteuern, dass alles gut ist. Dass er sich entspannen darf in unserer schönen neuen Bleibe, dass wir immer zu ihm zurückkommen und er uns doch bitte eine halbe Stunde gönnen soll, ein klitzekleines halbes Stündchen, nur so lange, bis mein Mann seine Nudeln aufgegessen hat und ich meine Antipasti und Noah vielleicht noch ein winziges Dessert … Aber natürlich versteht Sirius nur Bahnhof. Kaum sitze ich wieder im Restaurant, durchdringt sein Jaulen zum dritten Mal den Speisesaal. Und ich gebe auf.

Ich lasse mein mittlerweile kaltes Gemüse stehen und nehme mein Weinglas mit aufs Hotelzimmer. An der Tür entdecke ich Kratzspuren, und auch die Stehlampe ist umgeworfen, doch Sirius ist so rührend glücklich über meine Anwesenheit, dass ich nicht mit ihm schimpfen mag.

Gemeinsam gehen wir auf den Balkon, wo Sirius sich brav und still hinlegt, während ich mich an das kleine Plastiktischchen setze. Ich nippe an meinem Glas. Die Luft ist weich wie Seide, in der Ferne rauschen die Wellen, und der Wein schmeckt auf dem Balkon genauso gut wie im Restaurant. Es ist okay, hier zu sitzen, wirklich!

Aber wird es *jeden* Abend okay sein? Und auch jeden Morgen? Denn beim Frühstück darf Sirius ja auch nicht dabei sein.

Werden wir eine Lösung für dieses Problem finden – und außerdem einen Strand, an dem auch Hunde ihren Spaß haben dürfen? Und wo wir schon beim Thema sind: Wird Sirius seinen Maulkorb akzeptieren, der in diesem Land in allen öffentlichen Verkehrsmitteln Pflicht ist?

Ist es ein großes Problem, dass ich seinen Impfpass vergessen habe? Und warum ist Sirius vorhin am Strand auch nach dreimaligem Rufen nicht zu mir gekommen, obwohl das »Hierher« zu Hause doch so toll klappt?

Es gibt wirklich Schlimmeres
Nachdenklich schaue ich auf meinen Junghund hinab, der schon eingeschlafen ist und jetzt im Traum, mit zuckenden Pfoten, all die Erlebnisse und Aufregungen des Tages verarbeitet.
Gar nicht so einfach, die ersten Ferien mit Hund!
Aber immerhin, unser Balkon hat Meerblick, und ich habe einen Stapel guter Bücher dabei. Ich grinse, hebe mein Glas und proste den Wellen zu, die in der untergehenden Sonne orange- und rosafarben erglühen. Urlaub auf Balkonien? Klappt bestimmt auch in südlichen Gefilden!

ANDRÉS EXPERTENRAT FÜR
EINE ERHOLSAME AUSZEIT MIT HUND

Der erste gemeinsame Urlaub mit der Fellnase, da kann Erholung schnell in Frust und Stress umschlagen. Eine gute Vorbereitung ist hier das A und O, denn so vermeidet man böse Überraschungen.

ABENTEUER ANREISE

Wie Franzis Familie aus unserer Geschichte, steuern die meisten Hundehalter ihr Reiseziel mit dem Auto an. Damit das gut klappt, muss eine entscheidende Voraussetzung erfüllt sein: Das Mitfahren, auch auf längeren Strecken, ist für den Hund mehr oder weniger Routine und bereitet ihm keine großen Probleme mehr.
Plant man eine Flugreise, ist es wichtig, dass der Hund zuvor an eine flugtaugliche Transportbox oder Tasche gewöhnt wurde. Hunde unter acht Kilo dürfen in einer Tasche mit in die Kabine, größere Vierbeiner werden in einer Box im Frachtraum untergebracht.

Viel Natur, viel Platz und keine Verbote: All das macht den Urlaub mit Hund perfekt.

Ich empfehle Ihnen, dass Sie für Ihre erste Auszeit mit Hund ein nicht allzu weit entferntes Urlaubsziel auswählen. Denn mehr als 6–8 Stunden Autofahrt, da stöhnt ja schon so mancher Mensch! Und für Hunde, selbst solche, die viel und gerne auf Achse sind, sind so lange Strecken erst recht eine Herausforderung.

Impfschutz & Co. – daran sollten Sie unbedingt denken
Achten Sie bei der Buchung unbedingt auf eine hundefreundliche Umgebung und Infrastruktur, damit Sie am »Ziel Ihrer Sehnsüchte« nicht an jeder Ecke auf Verbote stoßen. Denn wir wissen ja noch nicht, ob unser Hund auch in einer ihm völlig fremden Umgebung allein bleiben kann. Daher ist es optimal, wenn wir ihn im Reiseland zumindest theoretisch überallhin mitnehmen können.
Worauf man im Vorfeld noch achten sollte, sind besondere gesetzliche Bestimmungen sowie notwendige Impfungen, die im Reiseland vorausgesetzt werden. Hier gilt generell: Informieren Sie sich rechtzeitig, damit Sie im Urlaub keine Probleme bekommen!
In einigen Ländern ist es beispielsweise Pflicht, Hunde in öffentlichen Verkehrsmitteln mit Beißschutz zu führen. An das Tragen eines Maulkorbs sollten Sie Ihren Vierbeiner schon zu Hause gewöhnen und dafür auch großzügig etwa 7–14 Tage einplanen.

Zudem wird im Ausland bei der Einreise oft ein Gesundheitszeugnis des Hundes verlangt, das nicht älter als vier Wochen sein darf. Hier ist es ratsam, sich im Vorfeld genau zu informieren, um bei Bedarf frühzeitig einen Termin mit dem Tierarzt abzustimmen.

ANDRÉS EXTRATIPP

Im Internet gibt es mittlerweile diverse Portale und Foren, die sich auf das Verreisen mit Hund spezialisiert haben und rund um dieses Thema eine Fülle an Informationen bieten. Zahlreiche hundefreundliche Unterkünfte findet man z. B. unter www.ferien haus-mit-hunden.de oder www.hundetravel.com.

Sind alle Vorbereitungen abgeschlossen, können wir uns mit reichlich Kauartikeln im Gepäck auf den Weg machen. Solche Kauartikel sind nämlich eine tolle Unterstützung in allen Situationen, die neu für unseren Hund sind. Im Restaurant wird es für Sie deutlich entspannter sein, wenn Ihr Hund unterm Tisch mit einer leckeren Kaustange beschäftigt ist. Gleiches gilt für die ersten Versuche, den Hund allein im Hotelzimmer zu lassen – oder bei noch ungewohnten Fahrten mit Tram, U-Bahn und anderen Verkehrsmitteln.

So wird Ihr Hund zur Wasserratte

Hat man sich für ein Reiseland mit viel Sonne und hohen Temperaturen entschieden, sollte man in den frühen Morgen- und späten Abendstunden Gassi gehen. Zur Mittagszeit ist es einfach zu heiß, viele Hunde leiden dann unter großem Stress.

Abkühlung verspricht natürlich auch ein gemeinsames Bad im See, Fluss oder sogar im Meer. Davon träumen übrigens viele Hundehalter, die mit ihrer Fellnase (erstmals) auf Reisen gehen. Damit sich dieser Traum erfüllt, ist es ratsam, den Hund schon zu Hause an Gewässer und ans Schwimmen zu gewöhnen. Wie das geht, erkläre ich Ihnen in meiner Praxisübung auf der nächsten Seite.

Schönste Zeit des Jahres noch viel schöner!
Urlaube mit Hund sind einfach etwas ganz Besonderes. Zwei- und Vierbeiner rücken näher zusammen, und so wird die schönste Zeit des Jahres sogar noch um ein Vielfaches schöner! »Problemverhalten«, wie Sirius es in unserer Geschichte gezeigt hat, lässt sich vor Ort auf Anhieb leider nur selten, etwa über eine

---

PRAXISÜBUNG → SCHWIMMEN LERNEN

Im Idealfall kommen Sie auf Ihrer Gassirunde an einem See vorbei. Und vielleicht ist Ihr Hund dort ja auch schon mal mit den Pfoten ins Wasser getapst? Die nächste Lektion lautet: Schwimmen!

★ Im ersten Schritt müssen Sie Ihren Hund für ein schwimmfähiges Spielzeug begeistern. Mit dem richtigen Training ist es dann kein Problem, ihm das Apportieren (→ Seite 106) beizubringen.
★ Trainieren Sie zunächst im Trockenen. Sobald Ihr Hund zuverlässig apportiert, üben Sie am Seeufer weiter. Die Pfoten dürfen jetzt schon leicht nass werden, mehr aber noch nicht!
★ Von Mal zu Mal können Sie das Spielzeug dann weiter hinaus ins Wasser werfen – und zwar so weit, dass Ihr Hund schon bald ein paar Meter schwimmen muss, um es zu erreichen.

Wichtig ist, sich für diese Übung viel Zeit zu nehmen. Später im Urlaub müssen Sie dann nur noch das Spielzeug ins Wasser werfen und können jetzt gemeinsam darauf zuschwimmen!

Gewöhnung an die neue Situation, korrigieren. Daher sind eine gute Vorbereitung sowie ein hundefreundliches Reiseziel enorm wichtig. Sind beide Punkte erfüllt, ist die Wahrscheinlichkeit hoch, dass Ihr Urlaub nicht auf dem Balkon im Hotelzimmer endet!

JUNG & WILD!

»Ob feuchtfröhlich am Wasser oder sportlich unterwegs in den Bergen: Urlaub ist auch für unsere Fellnasen richtig toll!«

A. Henkelmann

23

GANZER KERL
ODER EWIGES KIND?

Manche Lösungen passen einfach immer. Egal, ob man sich mit Problem
A, B oder *C* herumschlägt, die Lösung lautet: *K*.

K steht hier natürlich für Kastration. Doch bevor alle männlichen Leser
jetzt erschrocken das Buch in die Ecke pfeffern, möchte ich noch schnell
hinzufügen: die Kastration des halbwüchsigen Rüden!

Denn als Halter eines solchen bekommt man ihn allerorten zu hören –
den Rat, das Tier unbedingt kastrieren zu lassen. Und zwar besser gestern
als heute. Es scheint fast so, als seien die Hoden eines Hundes für alles
Ungemach der Welt verantwortlich. Folglich muss man ihnen irgendwie
beikommen, am besten mit dem Skalpell! (Okay, für den Klimawandel
können Sirius' Hoden vermutlich nichts. Wobei …)

DIE HEIKLE K-FRAGE

Lösung K wird also immer und überall propagiert:

Sirius' Interesse am anderen Geschlecht erwacht, und er übt sich auf der
Hundewiese im Aufreiten? Oje, der wird später mal ein ganz Wilder!

Die Lösung lautet: *kastrieren!*

Sirius geht stiften und kommt erst nach ein paar Minuten zu mir zurück?
Oje, der wird schon bald jeder läufigen Hündin kilometerweit folgen,
ohne sich um uns, seine Familie, zu kümmern!

Deshalb unverzüglich: *kastrieren!*

Sirius knurrt einen älteren Rüden an, der ihn zu dominieren versucht?
Oje, das Testosteron, Sirius wird bestimmt später mal total aggressiv!

Hallo, ein Tierarzt irgendwo? Einmal schnell *kastrieren, bitte!*

Es ist unser innigster Wunsch, dass Sirius bis ins hohe Alter gesund und
vom Krebs verschont bleibt?

Auch hier gilt natürlich – rein prophylaktisch: *kastrieren!*

Ich muss gestehen, ich traue der Sache nicht so ganz. Denn allzu einfache Lösungen werden der Wirklichkeit ja nur in den seltensten Fällen gerecht.

Und dass eine Kastration *das* Allheilmittel für alle problematischen oder auch nur unerwünschten Verhaltensweisen eines Hundes sein soll, kommt mir dann doch irgendwie spanisch vor.

Wobei ich nicht grundsätzlich etwas gegen Kastrationen habe! Zuweilen finde ich sie sogar äußerst sinnvoll. In Ländern mit vielen Straßenhunden zum Beispiel. Hier unterstütze ich den Ruf nach Kastrationen (übrigens von Rüden *und* Weibchen) ausdrücklich und habe die größte Achtung vor allen engagierten Tierärzten, die diese Aufgabe übernehmen.

Aber bei Sirius, der nicht in Rumänien oder Griechenland auf der Straße lebt, sondern hier unter unserem Dach mit seiner Familie?

Und schon jetzt, mitten in der Pubertät?!

Das Patentrezept lautet BENG?

Irgendwie habe ich da ein ganz seltsames Bauchgefühl.

Einen Hund ohne Not daran zu hindern, seine Pubertät bis zum Schluss zu durchleben und wirklich erwachsen zu werden, kommt mir grundfalsch vor. Und einen erwachsenen Hund ohne Not seiner Sexualhormone zu berauben, was dann sein Wesen verändert und ihm ziemlich sicher ein paar Extrakilos auf den Rippen beschert, ebenfalls.

Vielleicht ist diese Haltung dem Respekt geschuldet, den ich vor Hunden als Lebewesen im Allgemeinen habe – und vor meinem geliebten Sirius natürlich im ganz Besonderen.

Vielleicht bin ich aber auch einfach nur sentimental.

Eines weiß ich jedoch mit Bestimmtheit: Eine für meinen Vierbeiner so weitreichende Entscheidung werde ich nicht treffen, ohne mich vorher gründlich informiert zu haben! Und zwar sowohl über mögliche Vorteile als auch über die Nachteile und Risiken einer Kastration.

Denn vielleicht ist ja für so manches Problem, das während der Pubertät eines Hundes auftaucht, gar nicht das simple *K* die Lösung, sondern das weitaus komplexere *BENG*: Beziehung und Erziehung plus ein wenig Nachsicht und Geduld? ➤◀

ANDRÉS EXPERTENRAT ZUM
SINN UND UNSINN EINER KASTRATION

Dass sich Franziska bei der »K-Frage« zurückhaltend und skeptisch zeigt, ist genau richtig. Bevor man sich für oder gegen eine Kastration entscheidet, sollte man sich intensiv mit diesem Thema und insbesondere auch mit den Risiken auseinandersetzen.

Für den Hormonhaushalt eines Hundes hat so ein Eingriff nämlich schwerwiegende Konsequenzen. Und er ist, das auch gleich vorweg, kein Allheilmittel gegen Verhaltensauffälligkeiten, die während oder nach der Pubertät auftreten. Sehen wir uns also einmal an, wann eine Kastration sinnvoll sein kann – und wann nicht.

GESUNDHEIT GEHT VOR

Weit oben auf der Pro-Liste stehen natürlich medizinische Gründe: Besteht laut Tierarzt eine medizinische Notwendigkeit, ist die Kastration in der Regel sinnvoll und sollte auch durchgeführt werden. Wenn Sie trotzdem noch Zweifel haben: Suchen Sie sicherheitshalber noch einen anderen Tierarzt oder Experten auf, um sich dort eine zweite Meinung einzuholen.

Nicht jede Rangelei ist krankhaft

Ein weiterer Grund, der eine Kastration rechtfertigen kann, ist das Phänomen Hypersexualität. Hypersexuelle Hunde leiden unter ihrem Geschlechtstrieb: Alles dreht sich nur noch um das Eine, die Fortpflanzung. Wenn Sie den Eindruck haben, Ihr Vierbeiner verhält sich hypersexuell, kann ein Verhaltenstherapeut für Hunde weiterhelfen. Er wird die Symptome fachgerecht einordnen.

Ebenfalls ratsam ist eine Kastration, wenn man bei einem Rüden eine ausgeprägte Status-Aggression feststellt. Man erkennt diese Art der Aggression unter anderem daran, dass sie sich auf andere, unkastrierte Rüden beschränkt. Wichtig auch hier: Ob dieses Verhalten wirklich bedenklich ist, kann nur ein Profi vor Ort beurteilen. Nicht jede Rangelei unter Rüden rechtfertigt eine Kastration!

Auf den richtigen Zeitpunkt warten

Auf keinen Fall sollte man einen Hund vor der ersten Geschlechts-reife kastrieren. Denn frühkastrierte Hunde bleiben ihr Leben lang juvenil, sie werden also in ihrer Entwicklung gehemmt, und ihr Ver-halten wird sozusagen im gegenwärtigen Zustand eingefroren. Dieser Umstand birgt viele Nachteile. So kommt es beispielsweise häufig zu Konflikten im Sozialkontakt, weil andere Hunde den früh-kastrierten Artgenossen, der zwar erwachsen aussieht, sich aber so seltsam kindisch benimmt, nicht richtig einschätzen können und dann verunsichert sind. Noch viel entscheidender ist jedoch die Tatsache, dass frühkastrierten Hunden durch den ausbleibenden Pubertätsschub späteres Lernen schwerer fällt und auch die hor-monell bedingte Kräftigung des Körperbaus ausbleibt.

Das alles sind große Nachteile für die gesunde Entwicklung eines Hundes. Aus diesen Gründen empfehlen Verhaltensforscher, wenn überhaupt, die Kastration bei einer Hündin erst nach der dritten Läufigkeit durchzuführen und bei einem Rüden frühestens nach dem zweiten Lebensjahr.

Informieren, abwägen, entscheiden

Und wie lautet nun die Antwort auf unsere K-Frage? Zunächst sollten wir für unseren Hund eine ganz normale, natürliche Ent-wicklung ohne Kastration anstreben. Hiervon ausgenommen sind die von Franziska in unserer Geschichte angesprochenen Präven-tiv-Kastrationen im Ausland, die eine unkontrollierte Fortpflanzung verhindern und somit langfristiges Tierleid reduzieren.

Sollten Sie dennoch eine Kastration in Erwägung ziehen, ist es wichtig, sich vorab genau zu informieren. Am besten, Sie lassen sich dabei von Profis beraten und holen ggf. mehrere Expertenmei-nungen ein. Dann sind Sie auf der sicheren Seite und können für Ihren Hund eine wohlüberlegte Entscheidung treffen.

24 KLASSE, DA KOMMT EIN ARTGENOSSE!

Das mit der Impulskontrolle ist ja so eine Sache, vor allem für Border Collies. Fliegt etwa irgendwo ein Ball durch die Luft, stellt es die Schlauköpfchen vor eine regelrechte Zerreißprobe, wenn sie jetzt ruhig bleiben sollen. Ist ein Spiel unter Vierbeinern im Gange, ist es ein Ding der Unmöglichkeit, den Hundekumpels einfach Tschüss zu sagen und nach Hause zu gehen, nur weil Frauchen oder Herrchen das für eine gute Idee hält. Und wird auf dem Hundeplatz gerade Agility trainiert, empfindet es der gemeine Border Collie als dreiste Zumutung, wenn von ihm verlangt wird, zwischendurch auch mal ein Päuschen einzulegen.

ICH BIN DANN MAL WEG

Da mein Mann und ich das wissen, haben wir von Anfang an darauf geachtet, Sirius' Impulskontrolle zu stärken. Und ich bin froh (und auch ein bisschen stolz), dass unser Border schon ziemlich gut darin ist.
Sein Futter rührt er erst an, wenn wir »Nimm's!« gesagt haben.
Während wir ein Spielzeug werfen, bleibt Sirius brav sitzen und läuft erst dann los, wenn wir es ihm mit »Hol's!« erlauben.
Und wenn Sirius einen anderen Hund sieht …
Tja. Und hier kommen wir zu dem riesengroßen ABER.
Taucht nämlich ein anderer Hund am Horizont auf, dann ist es mit der Impulskontrolle unserer Fellnase schlagartig aus und vorbei. Eigentlich sollte Sirius der Versuchung, seinem Artgenossen mit einem Affenzahn entgegenzusprinten, nämlich widerstehen … zumindest so lange, bis wir ihm mit dem Signal »Jetzt lauf!« grünes Licht gegeben haben.
Er sollte.
ABER er tut es nicht. Er tut es einfach nicht! Da können wir uns auf den Kopf stellen und machen, was wir wollen.

Sirius, der sonst alles so schnell kapiert, will und will nicht begreifen, dass es Situationen gibt, in denen andere Hunde tabu für ihn sind. Obwohl wir die Regel »Kein Kontakt an der Führleine« konsequent befolgen, scheint unser Jungspund es schrecklich ungerecht zu finden, wenn er einem anderen Hund nicht wenigstens kurz Hallo sagen darf... und eigentlich würde ich ihm das Hallo-Sagen ja auch von Herzen gönnen.

Aber die Welt ist nun mal kein Ponyhof, sondern bevölkert von Menschen im Stress, aggressiven Hunden an überspannten Leinen und Erzieherinnen, die darauf pochen, dass ihre Schützlinge pünktlichst vom Kindergarten abgeholt werden. Und deshalb – tut mir sehr leid, lieber Sirius! – müssen auch die nettesten Artgenossen eben manchmal ignoriert werden. Was Sirius natürlich – tut mir leid, liebes Frauchen! – auf gar keinen Fall akzeptieren kann. Und so ist mein Hund, wenn er ohne Leine läuft und einen anderen Vierbeiner sieht, im Nullkommanix weg, da hilft kein Schreien und kein Flehen. Mir bleibt nichts, als Sirius fluchend hinterherzurennen (und mich schon mal gegen die strafenden Blicke der Erzieherinnen zu wappnen, weil ich Noah zum dreiundneunzigsten Mal in diesem Jahr zu spät vom Kindergarten abhole).

Eine verführerische Option

Sie sagen, ich solle Sirius, wenn ich es eilig habe, doch einfach an die Führleine nehmen? Oh, das tue ich mittlerweile, glauben Sie mir! Aber wenn Sirius zu seinen Kumpels will, dann will er zu seinen Kumpels, und dieser Wunsch schließt ein braves Gehen an der Leine – oder überhaupt ein *Gehen* an der Leine – leider aus.

Ich müsste ihn also hinter mir herzerren, während mein halbstarker Rüde mit aller Macht dagegenhielte, und diese Vorstellung widerstrebt mir sehr. Jeden Mittag aufs Neue ein würdeloses Kräftemessen veranstalten und diese Kraftproben dann vielleicht sogar verlieren? Nein, danke! Wenigstens scheint Sirius ganz ähnlich zu denken wie ich. Denn so, wie ich meinen Hund nicht hinter mir herzerre, zerrt auch er mich nicht hinter sich her. Stattdessen bietet er mir einen Kompromiss an: Er macht »Sitz«. Denn »Sitz«, das weiß Sirius genau, ist brav, weshalb es auch in dieser Situation wohl nicht völlig verkehrt sein kann.

Ein kurzes Hallo reicht Hunden oft nicht – sie wollen spielen oder ihre Kräfte messen.

Mein Hund hockt sich also unaufgefordert hin und bleibt dann sitzen wie festgeklebt, und zwar so lange, bis der Artgenosse aus seinem Blickfeld verschwunden ist. Sirius sitzt und starrt, starrt, starrt.

Der andere Hund pieselt und schnüffelt, schnüffelt, schnüffelt.

Die Zeit vergeht im Schneckentempo.

Und ich kann derweil …

a) versuchen, Sirius mit einer Übung / einem Leckerchen / irrem Gelächter von der anderen Fellnase abzulenken,

b) dem Rat weiser Menschen folgen und die Wartezeit dankbar für eine stille Meditation der liebenden Güte nutzen oder …

c) von einem Fuß auf den anderen treten, als hätte ich Ameisen in den Socken, während ich gleichzeitig erbost vor mich hin fluche.

An Option a) bin ich kläglich gescheitert, an Option b) noch kläglicher, deshalb wähle ich mittlerweile zähneknirschend Option c).

Wobei mir gestern noch eine weitere Möglichkeit eingefallen ist: Wenn ich es wirklich eilig habe, könnte ich Sirius ja auch einfach zu Hause lassen? Ich könnte also d) wieselflink und völlig ungestört durch den Park sausen, während mein Hund daheim im Wohnzimmer hockt.

Auf diese Weise käme ich immer pünktlich zum Kindergarten, die Erzieherinnen würden mir fröhlich zuwinken und müssten nie wieder böse gucken. Positiver Nebeneffekt: Ich würde deutlich weniger fluchen! Eine ebenso pragmatische wie verführerische Lösung, diese Option d). Und trotzdem gefällt sie mir nicht.

Auf der Suche nach Trick 17
Denn zum Teufel, wofür habe ich einen Hund, wofür haben wir den Park vor der Nase? Und wofür machen wir jeden Tag diszipliniert und haufenweise Erziehungsübungen, wenn es am Ende dann doch darauf hinausläuft, dass ich Sirius nirgendwohin mehr mitnehme … oder ihn nur dann mitnehme, wenn wir unterwegs entweder garantiert keinen anderen Hund treffen oder ich unendlich viel Zeit zur Verfügung habe?

Was sollen wir nur tun, mein so sehr auf seine Artgenossen fixierter Hund und ich? Wo ist der Engel, der Sirius und mich mit einem Trick 17 aus dieser Klemme befreien kann? Himmel, hilf!

Im Gegenzug verspreche ich auch, dass ich nie wieder fluchen werde. Nie wieder, ganz ehrlich!

Wobei das mit der Impulskontrolle ja so eine Sache ist … 🦴

ANDRÉS EXPERTENRAT ZU
IMPULSEN UND WIE MAN SIE IM ZAUM HÄLT

Da spricht Franziska aus unserer Geschichte vermutlich vielen Hundeeltern aus der Seele. Denn das Verlangen, zu anderen Hunden hinzuziehen oder ohne Leine direkt auf sie zuzusteuern, haben fast alle Vierbeiner. Dieses Verhalten in den Griff zu bekommen, erfordert etwas Zeit und konstantes Training.

Sozialkontakte sind für unsere Hunde superspannend, und mit Beginn der Pubertät werden sie in der Regel noch viel reizvoller. Mit gutem Timing, tollen Belohnungen und liebevoller Konsequenz

»Mein Trick 17: Nicht unnötig nass machen, das Spielzeug treibt von allein ans Ufer!«

schaffen wir es jedoch, dass unser Hund fremde Fellnasen an der Leine (oder später im Freilauf) wann immer nötig ignoriert und entspannt mit uns weiterläuft. In diesem Kapitel konzentrieren wir uns auf die Impulskontrolle an der Leine, denn so packt man Probleme in diesem Zusammenhang am besten an.

EINFACH IGNORIEREN, DAS KANN HUND LERNEN!

Es hat sich mittlerweile bei vielen Hundeeltern herumgesprochen, dass man den Kontakt zu Artgenossen an der Führleine vermeiden sollte. Und viele halten sich auch an diese Faustregel. Dabei kommt man aber zwangsläufig in die Situation, dass der Hund eben gerne Kontakt möchte und entsprechend motiviert auf andere Hunde reagiert. Das Problem: Zerrt man den Hund jetzt an der Leine einfach weiter, ohne ihm eine stimulierende Alternative zu bieten, entsteht schnell Frust und im schlimmsten Fall eine Leinenaggression.

Kleine und große Versuchungen

Um dies zu vermeiden und das Problem in den Griff zu bekommen, übe ich mit meinem Hund das Signal »Weiter«: Wenn ich »Weiter« sage, möchte ich, dass er seine Aufmerksamkeit von spannenden

Dingen löst und mit mir weiterläuft. Dieses »mentale Loslassen« trainiere ich intensiv über mehrere Wochen hinweg und arbeite dabei, das ist wirklich wichtig, mit attraktiven Belohnungen!

Zunächst übe ich das Signal an einfachen Dingen bzw. in eher unkomplizierten Situationen, die meinen Hund nur mäßig ablenken: Das kann beispielsweise ein Geruch am Wegesrand sein oder ein Gegenstand, den er zwar interessant, aber nicht extrem spannend findet. Nach und nach steigere ich dann den Schwierigkeitsgrad, bis wir so weit sind, dass das Signal »Weiter« auch bei der Begegnung mit fremden Hunden zum Einsatz kommen kann.

ANDRÉS EXTRATIPP

An dieser Stelle möchte ich kurz einschieben: Der Sozialkontakt zu anderen Hunde ist wichtig und nötig. Man sollten diesen auf geeignetem Gelände, etwa auf eingezäunten Hundefreilaufflächen, unbedingt weiterhin fördern. Beim freudigen Spiel mit Artgenossen kann Ihr Hund seinen Impulsen dann auch mal ungebremst freien Lauf lassen.

Hauptsache Belohnung!

Wie bereits erwähnt: Das A und O sind dabei reizvolle Belohnungen. Im Idealfall stimuliert und motiviert die Belohnung meinen Junghund mindestens genauso intensiv, wie es der Sozialkontakt mit Artgenossen tun würde. Was sich hier sehr gut eignet, sind kurze Rennspiele: Ich sage »Weiter« und renne mit meinem Hund los. Die meisten Vierbeiner lieben es, uns zu verfolgen, und somit wirkt so ein Rennspiel entsprechend motivierend. Alternativ kann man natürlich auch mit Leckerchen, Spielzeug oder mit der eigenen Stimme belohnen. Hier muss man einfach ausprobieren, was dem eigenen Hund am meisten Spaß macht.

Und wenn man das »Weiter« dann eine Zeit lang intensiv übt und das Signal unterwegs auch immer wieder anwendet, baut sich die

Motivation langsam ab, an der Leine zu anderen Hunden hinzuziehen oder sich abwartend hinzusetzen – so, wie das Sirius als Kompromissverhalten in unserer Geschichte anbietet.

Im Freilauf löst man das Problem später über ein erfolgreich aufgebautes Abrufsignal. Eine gute Grundausbildung ist auch hier der Schlüssel für den langfristigen Erfolg!

Zügig unterwegs im Doppelpack

Übungen zur Impulskontrolle sind als Baustein im Ausbildungsmix für unseren Hund enorm wichtig und hilfreich. So wie Franzi eingangs in ihrer Erzählung ihre Herangehensweise beschreibt, macht sie alles richtig: Sie achtet darauf, dass ihr Schützling erst an den Napf darf, wenn sie das Futter freigibt; und sie erlaubt ihrem Hund erst dann, einem geworfenen Spielzeug hinterherzurennen, wenn er dafür auch grünes Licht bekommen hat.

Damit Sirius zukünftig auch das Signal »Jetzt lauf!« abwartet und nicht schon vorher begeistert aus den Startlöchern springt, um seinen Hundekumpels entgegenzustürmen, benötigt Franziska einfach noch etwas Geduld. Und Sirius noch ein paar Trainingseinheiten zur Stärkung seiner Impulskontrolle.

Und »Trick 17«? Klappt mit etwas Disziplin auch problemlos ohne Stoßgebete und himmlischen Beistand: Um sich mit Sirius zügig den Weg durch den Park zu bahnen, muss Franziska mit ihrem Hund lediglich das angesprochene Signal »Weiter« einüben – und darf dabei nur nicht vergessen, mit tollen Belohnungen zu arbeiten. Wenn Franzi also fleißig mit ihrem schlauen Border Collie trainiert, kommt sie bald immer pünktlich und entspannt im Kindergarten an – und das selbstverständlich im Doppelpack mit Sirius!

25

JUBEL, TRUBEL, SCHÄDELTRAUMA

»Doch, das wird nett«, sagt mein Mann, setzt den Blinker und fährt von der Autobahn ab. »Ganz bestimmt wird das nett!«

»Oh ja«, erwidere ich munter. »Das wird *ganz*, ganz sicher sehr nett!«

Wir wissen beide, dass wir lügen. Aber wir lügen für einen guten Zweck: Noah soll sich nämlich freuen auf dieses Familienfest, auf das bisher keiner von uns dreien so wirklich Lust hat.

»Diesmal wird sich niemand streiten«, versichere ich unserem Sohn, der sich noch allzu gut an die letzte Ausgabe dieser Familienfeier erinnert.

»Natürlich nicht!«, bekräftigt mein Mann und schüttelt den Kopf. »Und es wird auch niemand herumschreien.«

»Und heulen?«, fragt Noah zweifelnd. »Beim letzten Mal haben am Ende alle geheult. Das war sooo schrecklich!«

Mein Mann und ich lachen auf, zugegebenermaßen ein wenig künstlich.

»Aber Süßer«, sage ich mit mildem Tadel zu meinem Sohn, »das war doch

»Musste es unbedingt Gelb sein? Rot passt doch viel besser zu meinem Fell!«

die absolute Ausnahme! Es haben nur deshalb alle geflennt, weil Onkel Bodo verkündet hat, er wolle sich von Tante Liv scheiden lassen. Diesmal wird keiner weinen, Liv ist ja inzwischen ausgewandert, und es wird auch keiner schreien, denn Bodo ist nicht mehr eingeladen. Stattdessen werden wir alle ganz viel Spaß haben! Es wird leckeres Essen geben und lustige Vorführungen zu Ehren deines Opas, und …«

»Ich mach aber nix vor«, schreit Noah panisch und zappelt in seinem Kindersitz, »gar nix mach ich vor, diesmal nicht!«

Tim und ich wechseln einen schnellen Blick. Die Feier vor einem Jahr (und das Gedicht, bei dessen Rezitation sich Noah vor Aufregung in die Hose gemacht hat) scheint unseren Sohn traumatisiert zu haben.

Und wenn ich ehrlich bin: mich auch.

DAS WIRD GANZ SICHER NETT

Am liebsten wäre ich heute Morgen spontan krank geworden, aber diese Idee kam mir dann doch ein wenig kindisch vor. Also zwängte ich mich in mein vornehmstes Kleid und überredete auch Noah mit Engelszungen, anstelle seines geliebten Feuerwehr-Pullovers mit dem Ketchupfleck ein schönes neues Hemd anzuziehen. Schließlich willigte er mit rollenden Augen ein, aber erst, nachdem ich mich bereit erklärt hatte, Sirius eine Schleife ans Halsband zu knüpfen. »Wenn ich wie ein feiner Pinkel aussehen muss«, so mein trotziger Sohn, »dann muss der Sirius das auch!«

Beim Gedanken an die Schleife wird mir plötzlich klar, woher das kaum hörbare, aber merkwürdige Geräusch kommt, das seit einigen Minuten von hinten aus dem Wagen zu uns vordringt. Oje.

»Noah, kannst du dich bitte mal schnell umdrehen und nachsehen …«

»Ob der Sirius gerade seine Schleife auffrisst?« Noah kichert vergnügt. »Ja, tut er. Na, Sirius, schmeckt's dir?«

Ich stöhne auf und bete im Stillen, dass sich die gelbe Stoffschleife irgendwie möglichst reibungslos durch Sirius' Verdauungstrakt mogelt, damit ihm das blöde Ding keinen Darmverschluss beschert. Noah hingegen gluckst vor sich hin – jedenfalls so lange, bis ihm plötzlich einfällt, dass er ja nun doch der Einzige ist, der wie ein feiner Pinkel aussieht.

Da fängt er an zu heulen.

Mein Mann schimpft mit Noah, ich vermittle zwischen Vater und Sohn, dann schimpfe ich auch, und zwar mit beiden. Daraufhin heult Noah noch lauter, und Tim hüllt sich in eisiges Schweigen. Na, super! Diesmal streiten, schmollen und weinen wir also schon *vor* der Feier! Genervt und erschöpft treffen wir bei meinen Schwiegereltern ein.

Wo zur Hölle bleibt der Schnaps!

»Hallöchen, hallöchen!« Die Mutter meines Mannes umarmt uns, wobei sie Noahs rote Augen geflissentlich übersieht. »Wie schön, dass ihr vier gekommen seid und die lange Fahrt auf euch genommen habt.«

»Ist doch klar. Schließlich ist es Papas dreiundsiebzigster«, sagt mein Mann und presst die Lippen zusammen.

Ich lächle gezwungen und denke im Stillen, dass der Brauch, nur *runde* Geburtstage groß zu feiern, eigentlich ein sehr schöner ist. Egal. Jetzt sind wir hier und machen das Beste daraus, und hey... das wird nett!

Das wird ganz sicher nett.

»Was hat der Hund denn da am Halsband?« Schwiegermama beugt sich zu Sirius hinab und fummelt an dem gelben Schleifenrest herum. »Das sieht aber schlampig aus, wenn ich das mal so sagen darf.«

Strafender Blick aus wässrig blauen Augen in unsere Richtung.

DAS WIRD NETT!

»Ich hole uns einen Orangensaft«, sagt Tim.

»Ein Schnaps wäre mir lieber«, murmele ich.

Derweil reißt Schwiegermama unserem Hund den Schleifenrest vom Halsband. Sirius jault erschrocken auf.

»Kleines Weichei, was?«, schnarrt Tims 96-jähriger Großvater, der auch im Rollstuhl und gänzlich ohne Haare auf seinem kantigen Kopf nichts von seiner militärischen Schneidigkeit verloren hat.

»Vielleicht ist er ein Weichei. Aber er ist niedlich«, verteidigt Schwiegermama unseren Hund halbherzig.

»Ein Weichei? Ich? Und niedlich?! Also, ich mag zwar nicht mehr in der Blüte meiner Jugend stehen, aber das verbitte ich mir!«, empört sich das Geburtstagskind, das unbemerkt hinzugetreten ist.

»Doch nicht du, Herbert«, sagt Schwiegermama gereizt. »Der Hund!«

»Der Hund? Welcher Hund? Ich sehe keinen Hund.«

Ich auch nicht. Sirius versteckt sich nämlich mittlerweile hinter meinen Beinen. Schwiegermama schubst ihn wieder nach vorne, und Schwiegerpapa sagt genau das zu unserem Sirius, was er jedes Jahr zu Noah sagt:
»Junge, was bist du groß geworden! Wie die Zeit vergeht.«

»Du hast ihn doch noch nie gesehen, Opa«, quäkt Noah.

Darauf geht Schwiegerpapa nicht ein. Stattdessen fragt er unseren Sohn:
»Warum kommt ihr uns denn eigentlich nicht öfter besuchen, hm, Noah? Die Mama hat doch nichts zu tun, die schreibt doch nur.«

Ich atme mehrmals tief ein und langsam wieder aus. Ich habe nichts gegen die Verwandten meines Mannes, wirklich nicht. Aber einzeln sind sie definitiv besser zu ertragen als im Rudel und auf einem Haufen.

Wo zur Hölle bleibt denn der Schnaps... äh, der Orangensaft?

Kleine Kröten auf Kriegsfuß

Der Orangensaft kommt nicht, dafür aber die Kinder von irgendwelchen entfernten Verwandten. Sie sind allesamt älter als mein Sohn, was sie ihn beim letzten Mal auch deutlich haben spüren lassen (vor allem, nachdem sich der arme Noah nass gemacht hatte).

Scheinbar sind die Jungs und Mädels aber diesmal friedlicher gestimmt. Sie ärgern Noah nur kurz zur Begrüßung: »Hallo, Baby! Ob die Hose wohl heute trocken bleibt?« Dann wenden sie sich schnell Sirius zu.

»Ihr habt jetzt also einen Hund«, bemerkt der achtjährige Hadrianus (das bedauernswerte Kind heißt tatsächlich so) scharfsinnig. »Noah, zeig uns mal, was der Wuffi schon kann! Oder kann er nichts?«

»Klar kann der was.«

»Dann lass doch mal sehen!«, fordert Hadrianus' Schwester Prudentia und reißt ihre Augen weit auf. »Sonst glauben wir dir nicht.«

»Ja, zeigen!«, schreien jetzt auch die anderen Kinder. »Zei-gen! Zei-gen!«

Noah rümpft widerwillig die Nase. Sirius legt die Ohren an und versteckt sich rasch wieder hinter meinen Beinen.

»Voll der Angsthase, dein Hund«, lacht Prudentia.

Die anderen Kinder stimmen grölend in ihr Gelächter ein.

Noah lässt beschämt den Kopf hängen. Sirius tut, als wäre er nicht da.

Okay, grobe Fehleinschätzung. Die kleinen Kröten sind *definitiv* nicht friedlicher gestimmt als beim letzten Mal. Nun wagt es Hadrianus sogar, mich zu umrunden und Sirius dann blitzschnell am Schwanz zu packen. Erschrocken schnappt unser Border Collie nach der frechen Kinderhand. Scharf weise ich sowohl Sirius als auch Hadrianus zurecht, und so langsam dämmert mir, dass es hier für alle Beteiligten zu gefährlich wird.

»Komm, Noah, wir haben ja noch gar nicht deinen anderen Verwandten Guten Tag gesagt.« Hastig ziehe ich Sohn und Sirius von der johlenden Kindermeute fort, hin zu den Erwachsenen, die fröhlich plaudernd das Wohnzimmer bevölkern und hoffentlich nicht auf die dumme Idee kommen, unseren armen Hund am Schwanz zu ziehen.

Wir geraten vom Regen in die Traufe.

Selbst ist der Hund

»Aaaaah, der kleine süße Noah!«, schreit die Mutter von Hadrianus und Prudentia entzückt. »Lass dich mal ansehen, Schätzchen.«

Sie nimmt Noahs Kinn zwischen Daumen und Zeigefinger und mustert ihn, dann kneift sie die Augen zusammen. »Herrje, was ist denn mit *dir* los, warum bist du denn so blass?«

Mit aufgesetzt besorgter Miene wendet sie sich an mich. »Ist er krank, der arme Junge? Er war zwar schon immer ein auffällig schwächliches Kind, aber so elend wie heute …« Der Rest des Satzes bleibt wabernd und bedeutungsschwanger in der Luft hängen.

Ich will nach Hause.

Noah blickt mich verunsichert an. Ich streiche ihm über den Kopf und sage lächelnd, dass die liebe Tante nur Spaß gemacht hat, während ich im Stillen über der Frage grübele, wie ein so wunderbarer Mensch wie mein Mann aus einer so schrecklichen Familie stammen kann.

Vielleicht ist er adoptiert und weiß gar nichts davon?

Und vielleicht fällt mir irgendein plausibler Grund ein, warum wir auf der Stelle wieder heimfahren müssen?

Doch bevor ich noch sagen kann: »Oh Gott, wir haben ja ganz vergessen, den Herd auszuschalten / die Dusche abzustellen / das Feuer im Treppenhaus zu löschen!«, kümmert sich Sirius kurzerhand um unsere Rettung.

»Wenn ich euch nicht sehe, seht ihr mich hoffentlich auch nicht mehr, oder?«

Unsere Fellnase hat nämlich die Schnauze voll davon, getätschelt, ange-starrt und zwischen langen und kurzen, dicken und dünnen Menschen-beinen herumgezerrt zu werden. Und als nun die gesamte Kindermeute heranstürmt, allen voran Prudentia und der Schwanzzieher Hadrianus – »Zeigen! Zeigen!« –, gerät Sirius in Panik.
Mit einem Satz ist er unter dem Buffet verschwunden, und da ich die Hundeleine fest in der Hand halte, reißt er mich ruckzuck mit zu Boden. Hart stoße ich mit dem Schädel gegen ein Tischbein, sehe Sternchen, höre wie durch Watte die erschrockenen Rufe der Erwachsenen, überlagert vom höhnischen Jubel der kleinen Kröten.

Nichts wie raus hier!
Ich liege unter dem Buffet, hebe in Zeitlupe den Kopf und sehe mich Auge in Auge meinem Hund gegenüber.
»Hier ist es viel schöner … wir bleiben unten«, murmele ich benommen. Sirius legt erschöpft die Schnauze auf seine Pfoten und atmet tief ein.
»Du sagst es, mein Lieber«, wispere ich und seufze ebenfalls.
Und in diesem Augenblick kommt mir eine Idee.

Wegen Verdacht auf akute Gehirnerschütterung müssen wir das schöne Familienfest leider unverzüglich verlassen.

Mein Mann verspricht allen, mich schnell zum Arzt zu bringen. Kaum sitzen wir sicher in unserem Auto, erlebe ich jedoch eine wundersame Spontanheilung, und so machen wir uns doch lieber auf den Heimweg.

»Puh«, sagt Tim und wischt sich über die Stirn. »Beim nächsten Geburtstag meines Vaters sind wir aber im Urlaub, das schwöre ich euch! Was haltet ihr von Amerika?«

»Nee, nicht weit genug«, antworte ich. »Ich wäre für Australien.«

Wir lachen beide, und Noah lacht auf dem Rücksitz mit.

Doch dann schleicht sich auf einmal ein ernster Ausdruck auf das Gesicht unseres Sohnes, und er wendet sich Sirius zu, der völlig erschlagen auf seinem Platz im Kofferraum liegt und döst.

»Musst keine Angst haben, Sirius, wir fliegen ganz bestimmt nicht nach Australien«, tröstet Noah unseren Hund. »Das war bloß Spaß vom Papa. Nach Australien könnten wir dich nämlich nicht mitnehmen, und wir nehmen dich doch jetzt überallhin mit!«

Ja, wir nehmen unseren Junghund überallhin mit.

Sogar auf Familienfeiern.

Nach dem heutigen Tag würde es mich allerdings nicht wundern, wenn sich Sirius' Dankbarkeit dafür in engen Grenzen hielte. 🦴

ANDRÉS EXPERTENRAT FÜR
ENTSPANNTES FEIERN MIT HUND

Zu Familienfesten mag man stehen, wie man möchte. Wahrscheinlich ist es ähnlich wie mit Lakritze: Entweder man liebt sie, oder sie schmeckt einem überhaupt nicht! Da unsere Hunde aber keine Wahl haben, müssen wir sie auf solche Anlässe vorbereiten. Sonst kann es passieren, dass eine Feier, wie in unserer Geschichte, schnell ein wenig aus dem Ruder läuft.

WENN HUNDE AUS DEM HÄUSCHEN SIND

Ein junger Hund, der mit solchen Ausnahmesituationen (sprich größeren Menschenmengen, lauter Musik und spielenden Kindern) nicht vertraut ist, wird sehr aufgeregt reagieren, und das äußert sich je nach Hund auf ganz unterschiedliche Art und Weise. Während sich manche Fellnasen eingeschüchtert in der hintersten Ecke des Raumes verkriechen, um dort ihre Ruhe zu haben, machen andere eventuell genau das Gegenteil: Sie rennen aufgedreht durch die Menschenmenge, bellen nervös und springen an allem hoch, was sie interessant finden – am Kellner, an den Buffet-Tischen oder an Tante Frida, die Hunde leider gar nicht mag.

Lieber auf die Decke als durch die Decke

Wie löst man aber nun das Problem? Schließlich wollen wir unseren Hund immer und überall dabeihaben, stressfrei und (arme Franziska!) ohne großes Kopfzerbrechen. Dafür gibt es ein Signal, das sich hervorragend eignet, wenn a) Besuch ins Haus kommt oder wir b) auswärts bei Freunden und Familie eingeladen sind.

Es heißt »Decke« und zählt zu meinen Lieblingsübungen (siehe Folgeseite). Immer wenn ich dieses Signal zu meinem Hund sage, möchte ich, dass er auf seine Decke läuft und dort so lange liegen bleibt, bis ich ihn wieder abhole. Wenn man noch nicht so vertraut mit dem Hundetraining ist, hört sich das vielleicht utopisch an, ist es aber nicht! Es ist eine reine Trainingsfrage, und innerhalb von ein paar Wochen lässt sich dieses Signal gut aufbauen.

Ruhe und Kontrolle in turbulenten Situationen

Das Decke-Signal hat wirklich ein paar unschlagbare Vorteile: Zum einen kann ich die Decke, auf der ich zuvor mit meinem Hund geübt habe, überall mit hinnehmen; wenn es mal hoch hergeht, habe ich meinen Vierbeiner also an jedem x-beliebigen Ort unter Kontrolle. Zum anderen gibt das Signal auch dem Hund Sicherheit. Auf seiner vertrauten Decke kommt er viel schneller zur Ruhe als wuselnd und ohne Aufgabe zwischen völlig fremden Menschen.

Wenn wir bei Freunden oder Familie eingeladen sind, besorge ich mir vorher noch zusätzlich einen tollen Kauartikel, mit dem ich meinen Hund, während er auf seiner Decke liegt, beschäftigen kann.

PRAXISÜBUNG ➔ DAS SIGNAL »DECKE«

Für diese Übung sollte Ihr Hund das Signal »Platz« bereits beherrschen. Wenn es im Vorfeld richtig trainiert wurde, bleibt er so lange liegen, bis Sie ihm das Okay zum Aufstehen geben. Einige nutzen hierfür noch zusätzlich das Signal »Bleib«.

★ Im ersten Schritt werfen Sie Ihrem Hund einige Male ein Leckerchen auf seine Decke, das er sich dort mit Freude abholt.

★ Wenn das zuverlässig klappt, sagen Sie »Decke«, kurz bevor Sie ihm das Leckerchen auf seinen Ruheplatz werfen. Nach einigen Wiederholungen können Sie zum nächsten Schritt übergehen.

★ Nun sagen Sie »Decke«, warten aber noch mit der Belohnung. Ist Ihr Hund wie zuvor auf seiner Decke angekommen, gehen Sie zu ihm, führen ihn dann ins »Platz« – und belohnen ihn erst jetzt mit dem vorenthaltenen Leckerchen.

★ Wiederholen Sie den dritten Schritt der Übung so lange und so häufig wie nötig mit Ihrem Hund, bis das Signal sitzt.

Noch ein Tipp: Legen Sie die Decke bei jeder Übungseinheit an einen anderen Ort, damit Ihr Hund die Übung später nicht nur an einer Stelle, sondern immer und überall ausführt.

Das Kauen wirkt stressmildernd, und der Hund verknüpft die ganze Situation im Idealfall positiv. Wenn es die Stimmung zulässt, kann ich ihn später auch ruhig mal laufen lassen. Dann kann er ein bisschen mitfeiern – und notfalls geht's einfach zurück auf die Decke.

26 HEUTE IST FRAUCHEN LEIDER UNPÄSSLICH

Der Oktober ist da und mit ihm all das, was ich an der dritten Jahreszeit so liebe: Flammend orangefarbene Blätter. Frische Walnüsse, saftige Äpfel und Birnen. Milde Tage und kalte Nächte. Gemütliche Abende vor dem offenen Kamin, Tee, Duftkerzen und … Erkältungen.

Letztere liebe ich natürlich nicht! Aber sie gehören eben dazu, wenn der Herbst ins Land gezogen ist, und eigentlich finde ich das auch gar nicht so schlimm. Gegen tropfende Nasen helfen schließlich weiche Taschentücher, gegen Halsschmerzen leckere Salbei-Bonbons. Und außerdem bieten Erkältungen einen unschlagbar guten Grund, sich faul in eine warme Kuscheldecke zu mummeln und stundenlang zu lesen!

DAS GEGENTEIL VON GEMÜTLICH

Zugegeben, wenn man richtig krank ist und sogar Fieber hat, fühlt sich so eine Erkältung nicht mehr ganz so sehr nach Wellness an.

Und mit kleinem Kind schafft man das mit dem stundenlangen Lesen höchstens noch am Wochenende, wenn der mitfühlende Liebste mit dem Sprössling zum Drachensteigen oder Kastaniensammeln geht.

Aber richtig krank sein mit kleinem Kind *und* mit einem quirligen Hund? Das ist das Gegenteil von gemütlich! Was ich dieser Tage am eigenen Leibe erfahren muss, denn ich habe die volle Virenladung abbekommen und fühle mich ziemlich angeschlagen. Sirius hingegen ist kerngesund und fühlt sich … wie ein junger Hundegott!

»Aufstehen!«, scheint er mir zuzurufen, während er vor dem Sofa steht, von einer Pfote auf die andere trippelt und tatendurstig mit dem Schwanz wedelt. »Aufstehen, Jacke anziehen, es ist so schöööön draußen!«

Schniefend greife ich nach meinem Lindenblütentee.

»Ja, es ist sehr schön draußen«, antworte ich matt. »Aber ich habe Fieber und kann mich kaum auf den Beinen halten, und du warst immerhin schon im Garten. Kannst du mich heute nicht ausnahmsweise noch ein Weilchen schlafen lassen?«

Mein Hund starrt mich an.

»Nö«, hört mein fiebriger Kopf ihn sagen. »Es ist helllichter Tag, Franzi, da wird nicht geschlafen! Da geht's raus an die frische Luft!«

»Nun hab doch Mitleid mit mir«, klage ich. »Wir müssen sowieso bald Noah abholen, dann kommst du doch raus. Wenn an diesem Vormittag mal ein Spaziergang ausfällt – ein einziger kleiner Spaziergang –, dann ist das ja wohl nicht so schlimm, oder?«

Auskurieren oder Aspirin?

Aber das sieht Sirius anders. Meine weinerliche Stimme irritiert ihn zwar, doch die richtigen Schlüsse (okay, Frauchen ist angeschlagen und muss sich ausruhen, und Sirius ist zur Abwechslung ein ganz, ganz braver Hund) zieht er daraus leider nicht.

»Rausgehen!«, bellt er empört. »Spielen!«

»Drinnen bleiben.« Mir fallen die Augen zu. »Schlafen.«

Sirius findet mich schrecklich langweilig und beschließt beleidigt, dann eben auf eigene Faust für ein bisschen Action zu sorgen. Frauchen weigert

»Jetzt wäre Gassigehen fein! Ob sich Frauchen wohl schon besser fühlt?«

sich, ihren Pflichten nachzukommen und mit Sirius das Haus zu verlassen? Ha, die wird schon sehen, was sie davon hat!

Nämlich ein angenagtes Tischbein.

Ein durchgebissenes Spieltau.

Im Kinderzimmer: einen komplett eingespeichelten Teddybären.

Im Bad: einen ausgeräumten Wäschekorb.

Und schließlich, weil Frauchen all diese Missetaten einfach verschläft, eine wilde Jagd durchs ganze Haus, bei der nicht bloß der Wassernapf umgestoßen wird, sondern auch gebellt wird, was das Zeug hält.

Davon *muss* Frauchen doch aufwachen?!

Tue ich (wenngleich widerwillig). Einen tobenden Sirius kann man nämlich nicht einmal dann ignorieren, wenn man im Fieberschlaf liegt, und so öffne ich mühsam die Augen, hieve mich vom Sofa und schlurfe im Schneckentempo zur Terrassentür.

»Raus mit dir«, knurre ich mit dem erbärmlichen Rest an Autorität, der mir in meinem Zustand noch geblieben ist. »Grab meinetwegen den ganzen Rasen um, aber *lass! mich! bitte! schlafen!*«

Als wäre er monatelang in Isolationshaft eingesessen, fetzt Sirius nach draußen und springt wie eine Gazelle durch den Garten.

Die nächste Grippe kommt bestimmt

Ich knalle die Terrassentür zu und verziehe mich in die Küche, um mir einen frischen Tee zu kochen. Vom Fenster aus beobachte ich mit müden Augen meinen Teenager. Er jagt durchs Gras, fängt Dutzende bunter Blätter und setzt sich schließlich vors Törchen. Sehnsüchtig blickt er auf die Straße, an deren Ende der Park lockt, die Freiheit, die Abwechslung …

Und plötzlich tue nicht mehr ich selbst mir leid, sondern Sirius. Irre ich mich, oder ist es wirklich *schlimm* für ihn, wenn er mal nichts zu tun hat und auf Frauchen verzichten muss?

Doch obwohl Sirius mir leidtut und obwohl mein fiebriges Gehirn nach wie vor auf Sparflamme läuft, ahne ich, dass die Antwort nicht lauten kann: Ja, es ist grausam für einen aktiven Hund wie ihn, und deshalb schlucke ich jetzt zwei Aspirin-Tabletten, werfe mir meine Jacke über und schleppe mich in den gottverdammten Park.

Denn ein Hund sollte, ja *muss* es doch eigentlich aushalten können, eine Zeit lang auch mal eine ruhigere Kugel zu schieben!

Aber wie mache ich ihm das begreiflich?

Wie können wir das Akzeptieren von Langeweile üben, ohne dass Sirius dabei das ganze Haus auf den Kopf stellt?

Eines jedenfalls ist klar: Üben müssen wir es. Denn die nächste Erkältung kommt bestimmt. Und ich habe keine Lust, jeden zukünftigen Krankheitstag mit einem Tischbein zu bezahlen. 🦴

ANDRÉS EXPERTENRAT FÜR TAGE, AN DENEN MAN NICHT SO KANN, WIE HUND WILL

Oje, da hat es Franziska ja ganz schön erwischt! Und das ist ihrem Hund leider ganz schön egal. Dabei müssen wir aber berücksichtigen: Sirius befindet sich erst im zehnten Lebensmonat – und ist somit noch ein junger Hund voller Energie, Neugier und Tatendrang. Das erschwert Franzis Situation enorm.

Denn ruhiger und gelassener werden unsere Fellnasen erst mit zunehmendem Alter. Es fällt ihnen dann deutlich leichter, es an manchen Tagen gut sein zu lassen und entspannt hinzunehmen, wenn nicht viel passiert. Die Grundbedürfnisse des Hundes bleiben aber natürlich unabhängig vom Alter bestehen, und die Frage ist nun: Wie können wir sie erfüllen, wenn es uns mal nicht so gut geht?

DER LANGEWEILE EIN SCHNIPPCHEN SCHLAGEN

Wer einen eingezäunten Garten hat, ist an solchen Tagen klar im Vorteil. Man kann dann, wenn es gar nicht anders geht, die eine oder andere Gassirunde guten Gewissens ausfallen lassen.

Damit das gut klappt, sollten Sie Ihrem Hund von klein auf auch im Garten einen Löseplatz zuweisen. Bringen Sie ihn einfach immer wieder dorthin, insbesondere zu Tageszeiten, zu denen er sich normalerweise lösen muss (etwa nach dem Schlafen, Spielen und Fressen). Ihr Hund wird sich dann allmählich an diesen Platz gewöhnen. Daraus folgt im Umkehrschluss, dass er sein Geschäft nicht an x-beliebigen Orten inklusive Terrasse oder Gemüsebeet erledigt. So haben wir bereits eine wichtige Grundlage geschaffen: Unser Hund kann sich auch in Zeiten, in denen wir angeschlagen sind, entspannt im Grünen lösen. Terrassentür auf, das war's schon!

Neun Tipps – so lasten Sie Ihren Hund mit wenig Aufwand aus
Damit sind aber längst noch nicht alle Hürden überwunden. Denn da gibt es ja noch das Thema Auslastung! Dafür habe ich neun Tipps zusammengestellt, die Ihnen als Anregung und Hilfe dienen sollen. Im Anschluss sehen wir uns noch an, wie man das Signal »Decke« aus Kapitel 25 für gezielte Ruhephasen nutzen kann. Los geht's mit den Ideen für gelangweilte Vierbeiner:

1. **Kauartikel:** Das Kauen von Kauartikeln wirkt beruhigend auf das limbische System und ist zudem eine einfache, effektive Form der Auslastung: Mit einem Kauartikel, der Ihrem Hund Freude bereitet (z. B. Kong, Pansen, Rinderkopfhaut, Ochsenziemer), können Sie ihn mühelos 20–30 Minuten beschäftigen.

Faulenzen auf dem Sofa? Mit einem Kauknochen lässt sich das gut aushalten.

2. **Suchspiele und Schnüffelteppich:** Für ein Suchspiel muss man nur schnell ein Spielzeug verstecken, und auch ein Schnüffelteppich ist rasch mit Leckereien befüllt. Beide Varianten sind einfache und bewährte Auslastungsmöglichkeiten, da Nasenarbeit für Vierbeiner extrem spannend und fordernd ist.

Suchspiele kann man übrigens auch wunderbar draußen spielen. Hier gibt es noch viel mehr Gerüche, die als Ablenkung dienen und die Suche noch interessanter machen. Zudem ist die Auswahl an Verstecken größer. Im Garten verwendet man am besten einen befüllbaren Dummy. Rund 15–20 Minuten intensive Suche reichen in der Regel völlig aus.

3. **Kommunikationstraining:** Wenn es der eigene Gesundheitszustand zulässt, ist das ebenfalls ein schöner und gleichzeitig sinnvoller Zeitvertreib. Hierfür bieten sich unter anderem Übungen zur Impulskontrolle an. Man schickt den Hund etwa in ein »Sitz-Bleib« oder »Platz-Bleib« und lässt ihn in dieser Position eine Zeit lang verharren. Das Training lässt sich auch bequem vom Sofa aus steuern, verlangt dem Hund viel Konzentration ab und wirkt somit entsprechend auslastend.

4. **Intelligenzspiele:** Man bekommt sie vorgefertigt im Fachhandel, oder man bastelt sich selbst eines! In der klassischen Variante funktionieren diese Spiele so, dass der Hund Lösungsmöglichkeiten finden muss, um an ein oder mehrere Leckerchen zu gelangen. Wer nicht in den Laden will: Man kann z.B. einige

Snacks, die toll riechen, in Zeitungspapier einwickeln. Anschließend muss der Hund sie mit Maul und Pfoten wieder auspacken.
Und das ist je nach Verpackung ganz schön knifflig! Intelligenzspiele sind nicht nur auslastend, sondern fördern insbesondere auch Ausdauer und Geschicklichkeit. Im Internet findet man
dazu zahlreiche Anregungen und Ideen.

5. **Reizangel:** Man erhält sie ebenfalls im Fachhandel – oder
hilft sich auch hier mit einer Do-it-yourself-Lösung. Dazu benötigt man einen Stab, ein Band mit einer Länge von circa 2–3 Metern sowie ein Beute-Spielzeug. Befestigen Sie
das Band am oberen Ende des Stabs und das Beute-Spielzeug am unteren Ende des Bandes. Fertig ist die Reizangel!
Zur Auslastung lässt man den Hund nun hinter der »Beute«
herjagen. Am einfachsten und besten funktioniert das so: Der
Hund läuft im Kreis; wir selbst stehen dabei in der Mitte und
schwingen nur die Angel. Das ist für den Hund anstrengend
und für uns recht mühelos. Wichtig: Gönnen Sie Ihrer Fellnase
ab und zu einen Erfolg, damit sie nicht die Lust verliert.

6. **Planschbecken**: Für alle Wasserratten unter den Hunden ist (an
warmen Sommertagen) ein Planschbecken eine reizvolle Beschäftigungsmöglichkeit. Hunde, die Wasser lieben, mögen

Viele Hunde lieben Wasser – es muss ja nicht gleich ein Olympia-Becken sein!

es sehr, dort hinein- und hinauszuspringen. Oft können sie sich eine ganze Weile selbst damit beschäftigen. Wichtig beim Badespaß: Achten Sie auf eine rutschfeste Unterlage (Badewannen- oder Duscheinlage aus Gummi). Zudem sollte das Planschbecken nur bis zur halben Beinlänge des Hundes befüllt werden, es sei denn, er ist tieferes Wasser gewöhnt.

7. **Fellnasen einladen:** Laden Sie doch einfach einen vierbeinigen Freund Ihres Hundes ein! Während die beiden sich im Garten müde spielen, haben Sie die Chance, sich etwas zu schonen. Und im Idealfall kommen ja auch Herrchen oder Frauchen mit, die das Geschehen im Blick behalten – und uns vielleicht sogar einen Tee aufbrühen?

8. **Menschen um Hilfe bitte:** Diese Variante ähnelt der vorausgehenden und wird ebenso häufig vergessen oder unterschätzt. Denn Freunde, Bekannte, Verwandte oder auch Nachbarn sind oft gerne bereit, die eine oder andere Gassirunde zu übernehmen. Wer Tiere liebt und keine hat, wird vermutlich sogar begeistert sein, Zeit mit Ihrem Hund verbringen zu dürfen.

9. **Hundetagesstätten oder Gassi-Geher:** Wenn es einem so richtig schlecht geht und man nicht auf Freunde und Verwandte zurückgreifen kann, sind spezialisierte Profis eine Alternative. Viele Hundetagesstätten bieten heute sogar einen Hol- und Bringservice an. Am schnellsten fündig wird man in den Annoncen der örtlichen Anzeigenblätter oder im Internet.

Auszeit auf der Hundedecke

Das Deckentraining aus Kapitel 25 eignet sich nicht nur für Familienfeiern, sondern auch für gezielte Ruhephasen. Denn auch die müssen sein, und das kann und sollte unser Hund lernen.

Wenn das Deckentraining (→ Seite 196) abgeschlossen ist, kann man es bei Bedarf nutzen, um dem Hund (und gleichzeitig sich selbst) eine Auszeit zu gönnen. Das ist völlig in Ordnung. Denn das Wichtigste ist, dass wir rasch gesund werden, um dann wieder alle Aufgaben in alter Frische meistern zu können!

JUNG & WILD!

»Auch bei Kälte und
Schmuddelwetter ist
mein Loki für jeden
Unsinn zu haben!«

Julie Cense

Ich bin wieder gesund, aber noch nicht richtig fit. Der Alltag strengt mich mehr an als sonst, zudem sitzt mir ein Abgabetermin im Nacken. Melancholisch und ausgelaugt stapfe ich durch die Abenddämmerung, während Sirius leichtfüßig über die feuchten Wiesen hüpft.

GANZ SCHÖN ANSTRENGEND, DAS ALLES

Es war ein langer, ermüdender Tag: Ich habe Noah rasch mit dem Auto zum Kindergarten gebracht, um dann so lange wie möglich schreiben zu können. Mittags habe ich Noah schnell wieder abgeholt, gekocht, danach das Wohnzimmer gesaugt, eine weitere Stunde geschrieben, ein Geschenk verpackt, eine trauernde Freundin getröstet, mir Sorgen gemacht, ob mein Roman wohl rechtzeitig fertig wird, panisch noch ein paar Zeilen geschrieben, mit Noah und seinem Kumpel gebastelt, mit meiner Lektorin und meiner Agentin telefoniert, nebenbei das Gemüse fürs Abendessen geschnippelt, und, ach ja, zwischendurch bin ich natürlich mit Sirius Gassi gegangen. Immer nur kurz, in Eile und mit schlechtem Gewissen. Gerade drehen wir zum dritten Mal unsere Runde, weil Tim heute länger arbeiten muss und den Hund deshalb nicht übernehmen kann. Der ganz normale Wahnsinn eben, den jede berufstätige Mutter kennt. Der sich aber im trüben November, mit schweren Gliedern und unter heftigem Termindruck, ziemlich anstrengend anfühlt!

Von all dem ahnt Sirius natürlich nichts. Für ihn war der Tag einfach nur dröge: kein Spielen mit seinen Hundefreunden, stattdessen ein überfordertes Frauchen und ein paar langweilige Gassirunden im Nebel.

Für ein Training, das diesen Namen verdient, fehlte die Zeit, ebenso fürs Üben der lustigen neuen Tricks. Und deshalb ist mein Hund auf diesem Abendspaziergang ein unausgelastetes Powerpaket, das am liebsten noch stundenlang unterwegs sein würde, während ich hinter ihm herschleiche und mich nur danach sehne, endlich die Füße hochzulegen! Wobei ich vor dem Feierabend natürlich noch Noah ins Bett bringen, meine Texte korrigieren und die Küche aufräumen muss.

Ich seufze. Vielleicht liegt es ja nur an der Jahreszeit, an der feuchten Kälte, an der Natur, die sich verabschiedet und stirbt. Vielleicht habe ich den November-Blues und deshalb das Gefühl, im Moment nichts auf die Reihe zu kriegen. Vielleicht wird ja im Dezember alles schon wieder besser sein! Aber es ist eben noch nicht Dezember, und im Hier und Jetzt möchte mein armer Sirius *mehr* Bewegung, *mehr* Lernen, *mehr* Abwechslung. Mit seinen elf Monaten steht er in der Blüte seiner Jugend und verfügt über schier unerschöpfliche Energiereserven. Was also kann ich tun, um Sirius gerecht zu werden, auch in trostlosen Spätherbstwochen wie diesen, in denen das Leben anstrengender, fordernder und somit deutlich hundeunfreundlicher ist als sonst?

»Oh menno, da draußen ist so viel los!«

Da hilft nur … Powergassi!

Ich schlage den Mantelkragen hoch und überlege.

Ein Radfahrer zieht an mir vorbei.

Und da schießt es mir durch den Kopf: Das ist es – ich lasse Sirius am Rad laufen! Auf diese Weise könnten wir gemeinsam in kurzer Zeit ordentlich Strecke machen, gleichzeitig würde sich Sirius so richtig auspowern, ohne dass ich zwei Stunden lang mit ihm unterwegs sein müsste. Und nach der Spritztour, juhu … wäre mein wilder Junghund endlich mal wieder müde und glücklich. Perfekt!

Leider fällt auch gleich ein lästiges Gegenargument ein: Sirius' jugendlicher Bewegungsapparat. Werde ich den nicht immens überfordern, wenn ich meinen Hund neben dem Rad herlaufen lasse? Denn auch wenn Sirius schon aussieht wie ein Großer, noch ist er nicht erwachsen, sondern ein Teenie. Er *will* stundenlang rennen, *darf* er aber noch nicht! Oder?

Ich überlege hin und her, finde die Sache mit dem Fahrrad in der einen Sekunde super, verwerfe sie in der nächsten.

Aber allen Bedenken zum Trotz lässt sich die Idee nicht mehr vertreiben. Und als ich die Haustür aufschließe und sich Sirius sofort ungestüm auf sein Spielzeug stürzt, steigen verlockende Fantasien in mir auf: mein Hund, der bereits nach dreißig Minuten Gassi absolut ausgelastet ist.

Mein Buch, das doch noch pünktlich erscheint. Mein Gewissen, das wieder in Weiß erstrahlt, weil Sirius sich nicht mehr langweilt. Und mein alter, klappriger Drahtesel, der unverhofft zu neuen Ehren kommt!

Die Schatten in meiner Seele hellen sich auf, und wie von selbst wandern meine Mundwinkel nach oben. Es mag November sein, die Blätter mögen welken und sterben. Aber Sirius ist jung, er schäumt über vor Lebenslust, und wenn man es recht betrachtet, ist sein fröhlicher Tatendrang doch nur eines: wunderbar herzerfrischend!

Zumindest, wenn man ein Fahrrad hat. ➤

ANDRÉS EXPERTENRAT FÜR
TRÜBES HERBSTWETTER

Kann man einem Junghund schon das Fahrradfahren zumuten? Und wenn ja: Wo und wie beginnt man damit? Zunächst muss ich Franziska leider ein wenig einbremsen: So richtig Fahrrad fahren sollte man mit seinem Vierbeiner erst, wenn er mindestens ein Jahr alt ist. Dann hat er seine sensible Wachstumsphase hinter sich gebracht – und Sport sowie alle anderen Aktivitäten, die richtig auspowern, werden für viele Fellnasen interessant.

Doch jetzt die gute Nachricht: Sirius ans Fahrradfahren gewöhnen kann und sollte Franziska schon jetzt. Denn selbst das Üben wirkt bereits auslastend und ist eine tolle Aufgabe für trübe Herbsttage. Wenn man langsam und rechtzeitig mit dem Training beginnt, kann man sich auf herrliche gemeinsame Fahrradtouren im kommenden Frühjahr freuen! Eine detaillierte Praxisübung zum Radfahren finden Sie auf der nachfolgenden Seite.

WICHTIGE TIPPS ZUM FAHRRADFAHREN

Mit Hund und Drahtesel in der Stadt und Natur unterwegs: Im Sommer macht das riesigen Spaß. Doch unsere Vierbeiner sind keine Menschen. Wer mit seinem Liebling Fahrrad fahren will, sollte daher einige Punkte beachten, hier die wichtigsten:

1. Wer auf Nummer sicher gehen möchte, lässt seinen Hund im Vorfeld durchchecken. Auf diesem Wege kann man mit dem Tierarzt gleich die generelle Eignung sowie den ratsamen Umfang sportlicher Aktivität besprechen. Wenn alles passt, darf man nicht vergessen, dass auch Hunde einen Muskelkater bekommen können, sich an Sport also erst gewöhnen müssen. Beginnen Sie daher mit kurzen Strecken und steigern Sie dann langsam das Pensum.

Beim Radeln Wasser einpacken!

2. Achten Sie bitte stets darauf, Ihren Hund beim Radfahren nur am Brustgeschirr zu führen. Am Halsband wäre die Verletzungsgefahr (etwa beim abrupten Abstoppen) viel zu groß.

3. Planen Sie regelmäßige Pausen ein und denken Sie daran, immer genügend Trinkwasser

PRAXISÜBUNG → FAHRRADFAHREN MIT HUND

Die Basis für spätere gemeinsame Radtouren ist (wie so oft) die Grundkommunikation bzw. eine solide Grunderziehung: Für diese Übung sollte Ihr Hund bereits locker an der Leine laufen können und die Signale »Sitz« und »Weiter« beherrschen. Einige Hundeschulen trainieren speziell fürs Radfahren zusätzliche Signale wie etwa »Rechts«, »Links« oder »Langsam«. Doch wir wollen es am Anfang nicht gleich übertreiben und zu kompliziert machen.

★ Zunächst suchen wir einen Hinterhof oder einen ruhigen Parkplatz auf. Dort wird das Rad nur geschoben, während wir den Hund an Leine und Brustgeschirr auf der rechten Seite führen. Dabei arbeiten wir mit tollen Belohnungen und optional mit dem Clicker. In die Übung integrieren wir immer wieder die Signale »Sitz« und »Weiter«: Das »Sitz« soll den Hund sofort stoppen – mit dem »Weiter« lösen wir das »Sitz« wieder auf.

★ Klappt problemlos? Dann gehen wir einen Schritt weiter. Dazu stellen wir einen Fuß aufs Pedal und stoßen uns mit dem anderen vom Boden ab. Nun rollen wir schon, während der Hund an lockerer Leine mitläuft. Dabei belohnen wir zwischendurch immer wieder und bauen die Signale »Sitz« und »Weiter« ein.

★ Wenn auch dies keine Schwierigkeiten bereitet, steigen wir aufs Fahrrad und radeln langsam und vorsichtig los. Auch jetzt gilt wieder: Die beiden Signale werden parallel trainiert!

★ Sobald das Radeln mit Hund reibungslos funktioniert, ist es an der Zeit, langsam die Umgebung zu verändern. Üben Sie nun nicht mehr auf dem Hinterhof oder Parkplatz, sondern auf ruhigen, wenig befahrenen Fahrrad- oder Feldwegen.

Wo und wie wollen Sie zukünftig mit Ihrem Hund Rad fahren? Je nachdem können Sie fortan das Niveau und den Ablenkungsgrad steigern und dabei immer wieder die Umgebung wechseln.

einzupacken. Hunde können nicht oder nur in geringem Umfang schwitzen. Stattdessen regulieren sie ihre Körpertemperatur über das Hecheln. Eine befeuchtete Zunge hilft Ihrer Fellnase beim Herunterkühlen.

4. Vorsicht: Im Sommer kann sich der Asphalt so stark erhitzen, dass sich unsere Hunde im wahrsten Sinne des Wortes die Pfoten verbrennen. Nicht zuletzt besteht die Gefahr, dass Ihr Hund einen Hitzschlag erleidet. Radeln Sie daher an sehr warmen Tagen nur am Abend oder frühmorgens.

5. So manches Hilfsmittel macht das Radeln mit Hund entspannter und sicherer. Um den Hund am Fahrrad zu führen, gibt es sogenannte Springer oder Abstandhalter. Sie werden am Rahmen befestigt und gleichen ruckartige Bewegungen des Tieres aus. Der Vorteil: Als Fahrer hat man beide Hände frei und muss keine Leine halten. Für noch mehr Sicherheit sorgen reflektierende Warnwesten für Hund und Halter.

Alternativen für sportbegeisterte Hunde

Fahrradfahren ist toll, aber vielleicht hat man ja kein Rad – oder die Wege sind zu rutschig? Hier zwei Ideen, wie man aktive Hunde auch ohne Fahrrad auslastet. Die erste setzt allerdings die Fähigkeit Ihres Hundes zum Apportieren (→ Seite 106) voraus, die zweite eine gewisse Grundkondition aufseiten der Hundeeltern.

Suchen Sie sich für Option a) eine Steigung aus, am besten einen kleinen Hügel oder Berg. Stellen Sie sich oben an den Hang und werfen Sie ein Beute-Spielzeug hinab, das Sie Ihren Hund dann apportieren lassen. Das Auf und Ab wird ihn extrem fordern, ist also ein schnelles, einfaches Fitnessprogramm für Fellnasen.

Option b) eignet sich perfekt für alle, die selbst gerne Sport treiben, und funktioniert auch an kühleren Herbsttagen: gemeinsames Joggen oder Walken. Es ist körperlich auslastend und bereitet den Hund ideal auf das spätere Mitlaufen am Fahrrad vor.

Berücksichtigen Sie aber bitte die aktuelle körperliche Verfassung und das Alter Ihres Hundes, damit Sie ihn nicht überfordern!

28

KEILEREI IN DER WINTERZAUBERWELT

Glücklich laufe ich mit Sirius durch den Park. Mein Manuskript ist abgegeben, Druck und Stress sind endlich von mir abgefallen, gesundheitlich geht es mir auch wieder bestens, und pünktlich zu Nikolaus fiel der erste Schnee. Der Park gleicht einer gemalten Zauberlandschaft, jeder Baum, jeder Strauch ist weiß überzuckert. Die ganze Welt glitzert verheißungsvoll in der frühen Morgensonne. Es ist wunderschön.

IMMER AUF DIE KLEINEN?

Sirius dreht ausgelassen ein paar Pirouetten im Schnee, da nähert sich uns ein schlaksiger, weiß-braun gefleckter Beagle, rennt schwanzwedelnd auf uns zu, und ich freue mich für Sirius, denn nun hat er einen Artgenossen zum Spielen, was den Spaziergang perfekt macht.

Oder doch nicht?

Noch ist jedenfalls alles eitel Sonnenschein: Das sympathische Frauchen lächelt, ich auch. Und der Beagle und Sirius beschnüffeln sich neugierig. »Tommi ist erst sechs Monate alt«, sagt das Frauchen, und ich antworte: »Unser Sirius ist kaum älter, er wird in wenigen Wochen ein Jahr« – als die Stimmung schlagartig kippt. Von irgendwoher ertönt ein lautes, tiefes Grollen, und noch während ich verblüfft registriere, dass dieser unheilvolle Schlachtruf von Sirius kommt, stürzt sich dieser auch schon auf den jungen Beagle. Ruckzuck hat er Tommi unterworfen, steht knurrend und geifernd über ihm, und dem armen, überrumpelten Junghund bleibt nichts, als mit abgewandtem Kopf um Gnade zu winseln.

Tommis Frauchen und ich erwachen zeitgleich aus unserer Schockstarre. »So ein Rowdy, nehmen Sie Ihren Hund da weg!«, schreit das Frauchen, und hastig ziehe ich Sirius von Tommi herunter und leine ihn an. »Sirius, was soll denn das, spinnst du?«, stammele ich.

Praktisch: Wer einen jungen Hund hat, braucht im Winter keine Schneekanone.

»Ach, der will bestimmt nur spielen«, ätzt ein Radfahrer mit gestreifter Pudelmütze, der die Szene beobachtet hat, im Vorbeifahren.
Tommis Frauchen nimmt den Kleinen tröstend auf den Arm und sucht das Weite, nicht ohne Sirius und mir noch einen bitterbösen Blick zuzuwerfen. Leider völlig zu Recht. Ich rufe ihr eine Entschuldigung hinterher, dann eile ich mit Sirius in die entgegengesetzte Richtung, erschrocken und ganz durcheinander von dem, was da gerade geschehen ist.

Vom Macker zum Musterschüler
Vorbildlich wie ein Dressurpferd trabt Sirius neben mir her, jegliche Aggression scheint von ihm abgefallen. Ich kratze mich am Kopf, und aus reiner Ratlosigkeit fange ich an, mit Sirius zu trainieren: »Sitz«, »Platz«, »Bleib«, »Hierher« und »Männchen«. Alles klappt einwandfrei, sogar ohne Leckerli, denn die habe ich zu Hause vergessen. Am Ende des Spaziergangs lasse ich Sirius noch einmal frei laufen, doch diesmal schaue ich mich vorher besorgt um. Kein anderer Hund in Sicht? Okay, ich wage es. Mit beiden Händen in den Manteltaschen, beobachte ich grübelnd meinen fröhlichen Hund. Sirius wetzt über die schneebedeckte Wiese, kommt auf mein Kommando hin aber sofort zu mir. Brav und mit angelegten Ohren setzt er sich aufrecht vor mich und lässt sich anleinen.

Gesittet geht er an meiner Seite nach Hause, und eine fremde Frau mit Kinderwagen bemerkt anerkennend: »Der ist aber gut erzogen!«

Ähm, ja. Eigentlich schon.

Außer, es sind harmlose Junghunde in der Nähe, solche, mit denen Sirius gestern noch begeistert gespielt hätte. Was zur Hölle ist bloß passiert mit meinem Border, dass er vorhin dermaßen den Macker hat raushängen lassen? Wird er das zukünftig jedes Mal tun, wenn wir einen jüngeren Hund treffen – und wenn ja, *warum?!*

Und wieder plagen neue Fragen

Sirius blickt zu mir hoch, und ich bekomme sie nicht zusammen, die zwei Seelen in seiner Brust: den süßen, verschmusten Border, der mich so vertrauensvoll ansieht, und den aggressiven Halbstarken, der offenbar beschlossen hat, dass es ein großer Spaß ist, kleine Kinder zu verprügeln.

»Sirius«, sage ich entschieden, »kleine Kinder, äh, Hunde zu verprügeln, das geht gar nicht! Und deshalb werde ich mich zu Hause auf der Stelle schlaumachen, was da zu tun ist.«

Ich beschließe, bei dieser Gelegenheit auch gleich zu recherchieren, wie lange wir Sirius für Übungen, die er aus dem Effeff beherrscht, noch belohnen müssen (Stichwort: vergessene Leckerli). Schließlich klappt das Training mittlerweile auch ohne fressbares Lob sehr ordentlich.

»Ehrenwort, ich bin unschuldig … der kleine Frechdachs hat mich provoziert!«

Nur gut, schießt es mir durch den Kopf, dass ich mein Manuskript bereits abgegeben habe! Denn so kann ich mich ohne schlechtes Gewissen den ganzen Vormittag über dort tummeln, wo es Tipps und Trost im Überfluss gibt: online im Hundeforum, offline zwischen den Seiten meiner Border-Collie-Ratgeber. Dazu eine heiße Tasse Zimttee, zwischendurch mal einen Blick in den traumhaft verschneiten Garten…

Ja, ich muss gestehen: Wenn das Problem nicht so ernst wäre, würde ich mich richtig auf diesen Vormittag freuen. ➤━

ANDRÉS EXPERTENRAT ZUM UMGANG MIT JUNGEN, UNGEZÜGELTEN RÜDEN

Wer ist mein Hund – und wenn ja, wie viele? Kein Wunder, dass Franziska verunsichert ist. Was sie vielleicht schon ahnt: Sirius' kleiner »Ringkampf« hat noch mit der Pubertät zu tun!

Wir sehen uns jetzt im Detail an, warum Rüden in dieser Lebensphase solche Verhaltensweisen an den Tag legen können. Gleich vorweg: Manchmal entsteht Streit zwischen Vierbeinern scheinbar aus dem Nichts, und oft wird der dominantere Hund dafür verantwortlich gemacht. Viele Konflikte werden jedoch von beiden Seiten befeuert, ohne dass wir das sofort bemerken.

BAUCHGEFÜHLE UND VERNUNFT

In unserer Geschichte ist der kleine Beagle Tommi sechs Monate alt und gerade in der Anfangsphase seiner Pubertät. Beagle sind sehr selbstbewusste Hunde, und die Wahrscheinlichkeit ist hoch, dass sich Tommi gegenüber Sirius nicht gleich untergeordnet, sondern ihn eventuell sogar provoziert hat. Das wiederum hat der größere und auch etwas ältere Sirius nicht mit sich machen lassen. Die Körpersprache unter Hunden ist sehr fein, und es benötigt ein geschultes Auge, um erkennen zu können, was da gerade abläuft.

Berücksichtigen muss man in diesem Zusammenhang auch, dass im Kopf unseres Hundes während der Pubertät viele Umbauarbeiten stattfinden (→ Kapitel 21). Dadurch kommt es vorübergehend zu Defiziten im Bereich des Fronthirns, dem präfrontalen Kortex.

ANDRÉS EXTRATIPP

Angelegte Ohren, geneigtes Köpfchen, Gähnen ohne Müdigkeit oder eine hektisch wedelnde Rute: Was will mein Hund mir oder Artgenossen damit sagen? Zur Körpersprache von Hunden gibt es sehr viel gute Literatur, und es ist faszinierend und aufschlussreich, etwas tiefer in dieses Thema einzutauchen!

In diesem »rationaleren« Hirnareal werden nicht zuletzt Impulse reguliert und die Folgen von Handlungen abgewogen. Der präfrontale Kortex steht dabei im engen Austausch mit der Amygdala, dem emotionalen Bewertungszentrum des Gehirns. Dieses Areal ist unter anderem für die Stressbewältigung zuständig und während der Pubertät vergrößert. Daher reagieren manche Hunde in dieser Lebensphase emotional intensiver und empfindlicher.

Vorsicht, Aggression macht Hunden manchmal Spaß!
Konflikte, wie sie Franziska in unserer Geschichte erlebt hat, sind nicht zwingend negativ – vorausgesetzt, die beteiligten Hunde sind gut sozialisiert und verletzen sich nicht gegenseitig. Ein Grummeln und Knurren ist in solchen Situationen völlig normal.
Franzi muss allerdings aufpassen, dass ihr kluger Border keinen Gefallen daran findet, kleinere Hunde zu unterwerfen. Denn einen Artgenossen zu dominieren, kann neuronal sehr belohnend wirken, das Verhalten könnte sich daher wiederholen und etablieren.
Ich würde Franziska empfehlen, Sirius eine Zeit lang mit Brustgeschirr an der Schleppleine zu führen. Um potenzielle Opfer sollte sie zunächst einen Bogen machen und Sirius stattdessen mit älte-

ren und größeren Hunden spielen lassen. Keine Probleme sollte es hingegen mit Rüden geben, die noch nicht geschlechtsreif sind, also den fünften Lebensmonat noch nicht vollendet haben. Gleiches gilt generell für alle Hündinnen.

Wenn Franziska diese Tipps beachtet, wird sich Sirius' Verhalten voraussichtlich deutlich stabilisieren. Er wird in den nächsten Monaten souveräner, er wird lernen, seine Impulse zu kontrollieren, und er wird sich von kleinen aufmüpfigen Rüden nicht mehr so leicht aus der Ruhe bringen lassen. Sollte sich das Verhalten nicht bessern oder sogar verschlechtern, ist es wichtig, sich vor Ort an einen professionellen Hundetrainer zu wenden. Er kann der Sache auf den Grund gehen, und mithilfe eines gezielten Trainings lassen sich übersteigerte Aggressionen in der Regel wieder abbauen.

Kekse, Knuddeln oder Komplimente?

Zum Schluss wollen wir uns nun noch der Frage widmen, wie lange man seinen Hund eigentlich für gewünschtes Verhalten belohnen sollte? Mein Tipp dazu: Arbeiten Sie mindestens ein Jahr lang intensiv mit tollen Belohnungen!

Unter »toller Belohnung« verstehe ich jedoch nicht nur Futter oder Leckerchen, sondern alles, was lohnend für den Hund ist. Das können Such- oder Beutespiele sein, lobende Worte oder auch »nur« Streicheleinheiten. Den größten Effekt erzielt man, wenn man die Belohnung passgenau auf die jeweilige Situation und auf die Bedürfnisse des Hundes abstimmt. Dazu stellt man sich die Frage: Was würde meinem Hund jetzt gerade am meisten Freude machen?

Nach einem Jahr kann man das intensive Belohnen dann langsam reduzieren, bei Bedarf aber auch immer wieder hochfahren – etwa wenn der Hund eine schlechte Phase hat und nicht mehr so gut reagiert, wie wir es von ihm gewohnt waren.

Eines jedoch bekommt mein Hund zeit seines Lebens, wenn er gewünschtes Verhalten zeigt, und das ist positives Feedback über meine Stimme. Denn, egal ob Mensch oder Tier: Jeder freut sich über ein kurzes Lob, wenn er etwas richtig gemacht hat!

29 WEIHNACHTSWICHTEL MIT BORDER COLLIE

Wie, das Jahr ist schon wieder vorbei? Hätte man ja ahnen können. Doch wie immer klopft Weihnachten völlig überraschend an die Tür.

Aber wat mutt, dat mutt – vor allem, wenn man ein Kind hat! Für Noah ist Weihnachten nämlich das allertollste Fest überhaupt, und so füge ich mich meinen mütterlichen Pflichten und mutiere (besser spät als nie) kurz vor Heiligabend zum Weihnachtswichtel.

Hektisch dekoriere ich das Haus, backe auf den letzten Drücker Plätzchen und raschele ganze Abende lang mit Geschenkpapier. Und wenn ich dann in Noahs strahlende Augen blicke, versichere ich mir selbst: Doch, doch, die Weihnachtszeit ist etwas Schönes, für das Kind.

Aber vielleicht nicht für den Hund?

LAMETTA, TRUBEL UND RAKETEN

Denn am 23. Dezember treffe ich auf meiner Gassirunde durch den Park eine entfernte Bekannte wieder. *Plapper plapper – knack knack …* Sie erinnern sich? Ich jedenfalls erinnere mich nur allzu gut an die korpulente Dame und ihren Chihuahua Tabitha. Und entsprechend irritiert bin ich, als ich vom geliebten Clicker des Duos weder etwas höre noch sehe.

»Sie clickern gar nicht mehr?«, erkundige ich mich, während Tabitha und Sirius miteinander über die Wiese tollen.

»Clickern? Gott bewahre!«, schnauft die Frau. »Das war eine *ganz* dumme Idee von mir! Das Clickern hat mein Tabitha-Mäuschen um den Verstand gebracht, und dabei hatte ich doch alles genau nach Anleitung gemacht!«

Wo die Dame ihre Anleitung wohl herhatte? Ich schweige höflich.

»Aber«, ihr Zeigefinger schnellt in die Höhe, »ich bin ja lernfähig, jawohl, das bin ich, und deshalb weiß ich jetzt, was Tabithalein und ich *wirklich* brauchen: Ruhe. Ruhe und Entspannung!«

»Ist ja alles schön und gut – aber wo ist das Geschenk für mich?«

Tabithalein und Sirius fetzen mit Tempo 180 kläffend durch den Schnee.
»Deshalb«, fährt die Dame ungerührt fort, »verweigern wir uns in diesem
Jahr auch diesen Chaos-Tagen, die man Weihnachten und Silvester nennt.
Und das ist mein bitterer Ernst! Sollen andere Menschen sich und ihre
Tiere in den Wahnsinn treiben – wir klinken uns aus, die Tabitha und ich.
Kein Konsum, kein Stress, kein Adventskranz, der Feuer fängt, kein däm-
liches Singen, keine Taubheit durch Böller, kein … äh, gar nichts eben.«

Ein Fest? Der reinste Horror!
Ich blinzele. »Tatsächlich? Wow. Das ist ja wirklich …«
Leider fällt mir spontan kein Adjektiv ein, das ich passend fände. Mutig?
Konsequent? Bewundernswert? Oder doch eher freudlos?
Zugegeben, wenn mein Mann und ich kein Kind hätten, würden wir
Weihnachten wohl auch in aller Ruhe vorbeiziehen lassen. Wir würden es
uns einfach nur gemütlich machen, in der Hand ein gutes Glas Rotwein,
auf den Lippen ein Lächeln voller Mitgefühl, das all jenen gelten würde,
die sich gerade fluchend in Lamettafäden und Lichterketten verhedderten.
Mein neues Weihnachtswichtel-Ich gerät in eine kleine Sinnkrise.

Die durch die folgenden Worte der korpulenten Dame nicht besser wird. »Weihnachten und Silvester«, sagt Tabithas Frauchen düster, »sind für unsere Hunde doch der reinste Horror! Sehen Sie, Hunde sind Gewohnheitstiere, die vertragen das überhaupt nicht gut: die tagelange Aufregung, die ständige Anspannung ihrer Menschen, den Trubel, den Verwandtenbesuch, den Streit mit den Schwiegereltern – und dann wird womöglich auch noch das komplette Wohnzimmer auf den Kopf gestellt, nur damit für ein paar Tage ein blöder, toter Tannenbaum hineinpasst?!«

»Auspacken geht über Einpacken!«

Mein angeschlagenes Weihnachtswichtel-Ich wagt vorsichtigen Widerspruch.

»Glauben Sie denn wirklich, dass das unseren Hunden schadet? Ich habe noch nie gehört oder gelesen, dass Hunde an Weihnachten ... ähm, traumatisiert wurden.«

Die Dame starrt mich anklagend an. »Weil die armen Tiere nicht sprechen können! Und scheiden lassen können sie sich auch nicht. Außerdem, was ist mit Silvester, hm? Tagelanges Knallen, kaum dass die Weihnachtsfeiertage vorbei sind, denn auf den 31. beschränkt sich doch heute keiner mehr! Ich sage Ihnen, gäbe es eine Telefonseelsorge für Hunde, würden die Leitungen heiß laufen in diesen Tagen, oh ja!«

Hundegerecht, wie soll das denn klappen?

Da muss ich dem kämpferischen Frauchen beinahe recht geben. Das Knallen rund um den Jahreswechsel finde ich tatsächlich auch nicht gut. Zwar weiß ich noch nicht, wie Sirius seinen ersten Jahreswechsel meistern wird – tapfer mitfeiernd oder panisch hechelnd unter dem Sofa –, doch mit Sicherheit sind Böller und Raketen für Tiere ganz und gar kein Spaß.

»Und Sie?«, fragt die Dame streng. »Verweigern Sie und Ihr Hund sich dem festlichen Terror ebenfalls?«

Bilder von frisch gebackenen Keksen, festlich verpackten Geschenken und würzig duftenden Tannenzweigen, an denen goldene Kugeln hängen, wehen mir durch den Sinn.

»Nein, meine Familie und ich werden Weihnachten und Silvester feiern«, sage ich trotzig in bemüht selbstbewusstem Tonfall.

Die Dame schließt für einen Moment die Augen, murmelt etwas Unverständliches in sich hinein und schüttelt dann enttäuscht den Kopf.

»Aber, äh, wir feiern natürlich hundegerecht!«

»*Hundegerecht?*« Die Augen der Dame klappen wieder auf und funkeln mich an. »Wie soll *das* denn gehen?«

Kauknochen für die Seele

»Wir haben da so eine Strategie«, erkläre ich vage. »Vorbereitung ist alles, wissen Sie? Aber nun muss ich leider gehen, denn ich habe …«, kurzer Blick auf die Uhr, »… *jetzt* einen Termin! Herrje, wie konnte ich den nur vergessen! Sirius, komm schnell, wir müssen los.«

Ich winke und renne davon, und Sirius, begeistert von dem neuen Spiel, lässt Tabithalein im Stich und saust mir mit wehenden Ohren hinterher.

»Eine Strategie? Welche denn?«, schreit die Dame. »Davon müssen Sie mir unbedingt mehr erzählen, beim nächsten Mal, okay? Tschüssi!«

»Klar, beim nächsten Mal«, rufe ich im Weglaufen erleichtert.

Zu Hause setze ich mich mit Gewürztee und einer Packung Lebkuchen vor meinen PC. Ich google »Weihnachten«, »Silvester«, »Hunde« und »Trauma«, und während ich mich in den absurden Untiefen des Internets verliere, fällt mir plötzlich ein, dass ich zwar schon alle Geschenke für Noah habe und auch eines für meinen Mann – aber keines für Sirius! Auf der Stelle breche ich meine Trauma-Recherche ab.

Stattdessen fahre ich zur »Futterschüssel«, wo ich einen extragroßen Kauknochen für Weihnachten kaufe und einen zweiten, noch viel größeren, für den Silvestertag gleich dazu.

Wenn Sirius schon nicht bei der Telefonseelsorge anrufen kann, soll er wenigstens was Leckeres zwischen den Zähnen haben. 🦴

ANDRÉS EXPERTENRAT, DAMIT ZUM
FEST AUCH HUNDE FROHLOCKEN

Dieses Mal hat die Dame aus unserer Geschichte recht, denn Weihnachten und Silvester können unsere Fellnasen sehr belasten. Von Knallfröschen, Raketen & Co. werden viele Hunde tatsächlich traumatisiert, was dann Wochen oder sogar Monate nachwirken kann. Dennoch muss man die Festtage nicht komplett aus dem Kalender streichen, da muss ich Tabithas Frauchen widersprechen! Es gibt einiges, was man tun kann. Und das sehen wir uns nun an.

ANGSTFREI UND ENTSPANNT – SO GEHT'S!

An Weihnachten ist alles noch relativ einfach, da benötigt Ihr Hund im Prinzip nur eine Rückzugsmöglichkeit. Noch besser ist es, wenn er die Signale »Platz« oder »Decke« beherrscht (→ Kapitel 25). Wird der Feiertagsrummel zu groß, zieht sich der Hund entweder selbst zurück, oder wir schicken ihn auf seinen Platz, bis sich die Situation beruhigt hat. Mehr braucht es nicht, damit unser Vierbeiner Heiligabend und die Weihnachtsfeiertage gelassen übersteht.

An Silvester sieht das Ganze leider etwas anders und schwieriger

ANDRÉS EXTRATIPP

Sind die Ängste des Hundes extrem, sollten Sie vor Silvester mit einem Tierarzt sprechen. Er kann Sie beraten und klären, ob in Ihrem Fall Medikamente eine Option sind. Mittlerweile gibt es gute, verträgliche Präparate, die Ihrem Hund in großen Stresssituationen unterstützend helfen können.

aus: Um den Hund auf dieses meist ja sehr laute Fest vorzubereiten, lohnt es sich, bereits im Sommer mit einem vorbereitenden Training zu beginnen. Dazu besorgt man sich eine CD oder eine Audiodatei aus dem Internet mit Feuerwerksgeräuschen und spielt diese, immer zu den Fütterungszeiten, in einer für den Hund angenehmen Lautstärke ab. Steigern Sie dann in den nachfolgenden Wochen und Monaten allmählich die Lautstärke – vorsichtig und in einem Tempo, das Ihren Hund nicht überfordert. So desensibilisieren Sie ihn behutsam für die bevorstehende Silvesterknallerei.

Tipps für einen guten Rutsch ins neue Jahr
Manchmal hilf jedoch die beste Vorbereitung nichts, und einige Hunde sind an Silvester immer noch ängstlich. Daher hier ein paar weitere Tipps, die Ihnen den Jahreswechsel erleichtern:

★ Halten Sie Fenster und Türen möglichst geschlossen, damit Außengeräusche abgedämpft werden. Bitte nicht vergessen: Um null Uhr knallt, heult und zischt es auch im TV/Radio auf allen Kanälen. Daher diese Sendungen leise drehen!

★ Aber: Ein angenehm lauter Geräuschpegel in der Wohnung, etwa ruhige Musik, kann rund um Mitternacht hilfreich sein, um die Knallerei in der Nachbarschaft zu überlagern.

★ Machen Sie an Silvester möglichst schon frühmorgens einen ausgiebigen Spaziergang mit Ihrem Hund. Danach sollten Sie nur noch kurz und wenn wirklich nötig Gassi gehen.

★ Der Mythos, dass man ängstliche Hunde nicht trösten kann, hält sich bis heute hartnäckig, ist aber Unsinn. Es hilft Ihrem Hund und beruhigt ihn, wenn Sie ihm Schutz und Geborgenheit bieten. Hat er Angst, darf und soll er unsere Nähe suchen. Und wir dürfen ihn natürlich auch streicheln und trösten.

★ Konditionieren Sie Ihren Hund auf Entspannung! Wie das funktioniert, sehen Sie im Video »Relax your dog«, das ich im Leserbereich meiner Online-Hundeschule für Sie bereitgestellt habe. Wie man sich einloggt, lesen Sie auf Seite 237.

Mit diesen Tipps wünsche ich Ihnen, dass Ihre Feiertage mit Familie und Fellnase friedlich, gemütlich und entspannt werden – damit Sie gemeinsam mit Freude ins neue Jahr starten!

Das neue Jahr beginnt gleich wieder mit einem schönen Fest. Denn Sirius hat Geburtstag! Und das will natürlich gefeiert werden: mit einem besonders ausgiebigen Spaziergang, vielen Schmuseeinheiten, einem deftigen Ochsenziemer für den besten Hund der Welt und einem Apfelkuchen für seine Menschen. Tim, Noah und ich sitzen am Kaffeetisch, plaudern und lassen das erste Jahr mit Border Collie Revue passieren.

HAPPY BIRTHDAY, SIRIUS!

»Erinnert ihr euch noch«, fragt mein Mann kauend, »wie Sirius uns sofort ins Auto gespuckt hat, als wir ihn damals vom Züchter abgeholt haben?« »Oh ja. Oder wie er ständig ins Wohnzimmer gepieselt hat, fünf Minuten nachdem wir mit ihm draußen waren!« Ich grinse und ziehe die Augenbrauen nach oben. »Einen guten Appetit wünsche ich übrigens!«

Frisbeespielen ist für sportliche Hunde toll – und es gibt ja auch kleinere Scheiben.

»Och, mir schmeckt's«, sagt Tim ungerührt. »Mit Hund härtet man doch ab, was solche und noch ganz andere Themen betrifft.«

Sirius, der unter dem Tisch an seinem Ochsenziemer nagt, lässt wie auf Kommando einen Pupser los, und abgehärtet oder nicht, ich öffne schnell das Fenster. Eisige Luft und ein paar Schneeflocken wehen herein.

»An die Nächte«, sage ich fröstelnd, »erinnere ich mich auch noch gut. Ewig in der Kälte stehen, während man wartet, bis das Hundekind endlich Pipi macht … ich bin froh, dass diese Zeiten vorbei sind.«

»Aber Sirius war doch sooo süß als Baby!«, kräht Noah. »Wisst ihr noch, wie er einfach nur zum Spaß meinen Pyjama kaputt gebissen hat?«

»Oder Bienen gejagt«, ergänzt Tim.

»Oder Taschentücher apportiert«, grinse ich. »Nur gebrauchte, natürlich.«

Wir lachen. Er war anstrengend, aber extrem niedlich, der Kleine, und im goldenen Licht der Erinnerung scheinen uns all die Sorgen und Nöte, mit denen wir damals gekämpft haben, kaum mehr der Rede wert.

Große Pläne für die Zukunft

Tim lehnt sich zurück und verschränkt die Hände hinter dem Kopf.

»Ich freue mich schon total aufs Hundefrisbee mit Sirius. Schön, dass er jetzt alt und ausdauernd genug dafür ist!«

»Frisbee? Ich dachte, du wolltest mit ihm zum Mantrailing?«

»Nö, ich glaube, Frisbee macht uns beiden mehr Spaß.«

»Und mit mir soll der Sirius aufräumen lernen!«, schreit Noah. »Dann muss ich das nicht immer selbst machen! Das nervt nämlich.«

»Und ich kann endlich mit ihm Rad fahren«, freue ich mich.

»Flyball finde ich übrigens auch ganz cool … oder Agility.«

»Und Hunde-Minigolf!«

Alle drei halten wir plötzlich inne und sehen uns betreten an.

»Wir schießen mal wieder übers Ziel hinaus, hm?«, sagt mein Mann schuldbewusst, und Noah und ich nicken zerknirscht.

Nicht nur Sirius hat etwas gelernt in diesem ersten Jahr.

»Also gut, machen wir eins nach dem anderen«, sage ich, »ganz in Ruhe.«

»Genau«, sagt Noah ebenso vernünftig, »bringen wir Sirius einfach nur bei, mein Zimmer aufzuräumen! Alles andere kann warten.«

»Wo wir gerade von deinem Zimmer sprechen«, sagt Tim. »Hast du es vorhin eigentlich geschafft, deine neue Rennbahn aufzubauen?«

»Ja! Ganz allein!« Unser Sohn strahlt. »Soll ich sie euch zeigen?«

Noah springt auf, und wir folgen ihm lächelnd um die Ecke.

Was sich als grober Fehler herausstellt.

Denn als wir fünf Minuten später ins Esszimmer zurückkehren, stehen unsere Kaffeetassen und Noahs Kakao zwar unberührt auf dem Tisch. Doch was spurlos verschwunden ist, das ist…

»Der Kuuuuuuchen!«, schreit Noah.

Ungläubig luge ich unter den Tisch. Den Ochsenziemer zwischen den Pfoten, liegt Sirius da, als könne er keiner Fruchtfliege etwas zuleide tun, geschweige denn einen ganzen Apfelkuchen vom Kaffeetisch stibitzen! Aber tatsächlich: Um sein Maul herum kleben Krümel.

»Verstehe ich nicht! Er hat doch noch nie Essen geklaut. Warum heute?«

»Echt komisch«, meldet sich Noah zu Wort. »Aber vielleicht hat er ja kapiert, dass das *sein* Geburtstagskuchen war? Ist ja auch voll ungerecht, dass wir ihm gar nichts davon abgeben wollten!«

Dem ist wohl nichts hinzuzufügen

Noah setzt sich zu Sirius unter den Tisch und krault ihn an der Wange, und Sirius leckt seinem kleinen Fürsprecher dankbar über die Hand. Kind und Hund schauen mit großen Augen zu uns hoch.

Ich seufze. Gegen solche Blicke kommt man als Eltern nicht an, und gegen die unbestechliche Logik hinter Noahs Worten schon gar nicht.

»Na schön, war bestimmt nur ein Ausrutscher, und falls nicht… wir werden ihm das Klauen schon wieder abgewöhnen, irgendwie.«

Tim blickt nachdenklich auf die picobello sauber geleckte Kuchenplatte.

»Tja, Franzi. Ich schätze, es bleibt spannend mit unserem Sirius!«

Und dem ist nichts hinzuzufügen.

Also krabbelt Noah unter dem Tisch hervor, wir heben unsere Tassen, und mit Kaffee und Kakao stoßen wir feierlich an – auf unseren süßen, schlauen und einzigartigen Border Collie, der es auch als erwachsener Hund noch faustdick hinter den Ohren hat.

Happy Birthday, geliebter Sirius! ⊱

ANDRÉS EXPERTENRAT FÜR
DAS ZWEITE JAHR MIT HUND

Hinter unserer Familie liegt nun das erste Jahr mit Hund, und dank des liebevollen Engagements seiner Menschen hat sich Sirius großartig entwickelt! Die Sache mit dem Kuchen wollen wir an dieser Stelle ausklammern, kommen aber später darauf zurück. Das erste Hundejahr zählt jedenfalls zu den spannendsten – aber auch zu den anstrengendsten. Danach wird das Zusammenleben entspannter. Routine kehrt ein, und es entsteht Raum für neue Aufgaben!

VIELE WEGE FÜHREN INS GLÜCK

Jetzt entwickelt sich jedes Mensch-Hund-Team in eine Richtung, die zu ihm passt: Die, die sich bewusst für einen eher gemütlichen Hund entschieden haben, beschränken ihre tägliche Aktivität aufs Gassigehen und beschäftigen ihren Vierbeiner zwischendurch mit kurzen Such- oder Apportieraufgaben. Engagierte Hundeeltern mit ebenso ambitionierten Hunden wählen je nach Geschmack und Eignung unterschiedliche Pfade.

Für Retriever bietet es sich z. B. an, das Apportieren in speziellen Kursen weiter zu vertiefen. Bewegungsfreudige Hunde sind beim klassischen Agility, Hundefrisbee oder beim Flyball bestens aufgehoben.

Nasenarbeiter wiederum kommen beim Mantrailing voll auf ihre Kosten – und alle, die am Grundgehorsam feilen oder ihn perfektionieren wollen, beim Obedience-Training.

Es gibt mittlerweile eine wahre Fülle an Angeboten, und man muss einfach ausprobieren, was Hund und Halter am meisten Spaß macht.

»Ich würde dann loslegen, okay?«

Was es noch zu bedenken gilt: Die Erziehung ist nach dem ersten Lebensjahr nicht komplett abgeschlossen! Der Grundstein ist zwar gelegt, aber richtig erwachsen werden unsere Hunde, je nach Rasse, erst zwischen dem zweiten und dritten Lebensjahr.

Man sollte daher weiterhin im Auge behalten, ob die aufgebaute Kommunikation noch zuverlässig funktioniert. Reagiert der Hund in einer Phase schlechter, ist es sinnvoll (→ Kapitel 28), gewünschtes Verhalten erneut intensiv zu belohnen und den Hund eine Zeit lang nur an der Führ- bzw. Schleppleine laufen zu lassen.

Gelegenheit macht Kuchendiebe

Zum Schluss noch ein Wort zum stibitzten Gebäck: Dass Sirius den Geburtstagskuchen für sich beansprucht hat, hat nicht unbedingt etwas mit seinem Alter oder mangelnder Erziehung zu tun. Studien zum Thema belegen, dass selbst perfekt erzogene Vierbeiner Essen stehlen, wenn sie sich dabei unbeobachtet fühlen. Wer hier auf Nummer sicher gehen möchte, lässt Essen und Hund – genauso wie Kleinkind und Hund – nie alleine!

ANDRÉS EXTRATIPP

Haben Sie einen älteren Hund übernommen, den sie in jungen Jahren nicht begleiten und selbst erziehen konnten? Keine Sorge: Auch nach dem dritten Lebensjahr ist der Zug für eine Ausbildung noch nicht abgefahren. Hunde lernen immer – wenn sie älter sind allerdings ein bisschen langsamer.

Und nun wünsche ich Franziska und ihrer Familie noch viele weitere spannende, lustige und wunderschöne Momente mit ihrem Border Collie. Und dir, lieber Sirius, wünsche ich, dass dir der frische Wind täglich das Fell zaust, dass die Sonne deine Nase küsst und deine Pfötchen dich immer sicher über Feld und Wiesen tragen!

JUNG & WILD!

»Sieht aus wie erschossen,
aber so träumt auch mein
Monsieur am liebsten –
wenn er endlich einsieht,
dass auch Hütehunde
Schlaf brauchen.«

A. Henkelmann

REGISTER

Die **halbfett** gesetzten Seitenzahlen verweisen auf Abbildungen

ADRESSEN

Fédération Cynologique Interntionale (FCI)
Place Albert 1er, 13,
B-6530 Thuin,
www.fci.be

Verband für das Deutsche Hundewesen (VDH)
Westfalendamm 174,
44141 Dortmund,
www.vdh.de

Österreichischer Kynologenverband
Siegfried Marcus-Str. 7,
A-2362 Biedermannsdorf,
www.oekv.at

Schweizerische Kynologische Gesellschaft
Sagmattstr. 2,
CH-4710 Balsthal,
www.skg.ch

Deutscher Tierschutzbund
In der Raste 10,
53129 Bonn,
www.tierschutzbund.de

Österreichischer Tierschutzverein
Berlagasse 36,
A-1210 Wien,
www.tierschutzverein.at

Schweizer Tierschutz
Dornacherstr. 101,
CH-4018 Basel,
www.tierschutz.com

Deutscher Hundesportverband
Voßhöveler Str. 9a,
46485 Wesel,
www.dhv-hundesport.de

Berufsverband der Hundeerzieher und Verhaltensberater
Alt Langenhain 22,
65719 Hofheim,
www.hundeschulen.de

Berufsverband der Tierverhaltensberater und -trainer
Achtern Dieck 6,
24576 Bad Bramstedt,
www.vdtt.org

Bundesverband praktizierender Tierärzte
Hahnstr. 70,
60528 Frankfurt (Main),
www.tieraerzteverband.de
Über das Portal finden Sie den nächstgelegenen Tierarzt.

KRANKEN-VERSICHERUNG

AGILA Haustierversicherung
Breite Str. 6–8, 30159 Hannover,
www.agila.de

Allianz Versicherung
Königinstr. 28,
80802 München,
www.allianz.de/gesundheit/
tierkrankenversicherung

Uelzener Versicherungen
Veerßer Str. 65/67,
29525 Uelzen,
www.uelzener.de

HAFTPFLICHT-VERSICHERUNG

Fast alle Versicherungen bieten auch Haftpflichtpolicen für Hunde an. Informationen erhalten Sie bei Ihrem Versicherungsanbieter.

REGISTRIERUNG VON HUNDEN

Findefix Haustierregister Deutscher Tierschutzbund
In der Raste 10, 53129 Bonn,
www.findefix.com

TASSO e. V.
Abteilung Haustierzentralregister,
Otto-Volger-Str. 15,
65843 Sulzbach/Taunus,
www.tasso.net

LITERATUR

Arce, J.: **Meine 5 Geheimnisse für eine glückliche Mensch-Hund-Beziehung.** Gräfe und Unzer Verlag, München

Bloch, G.: **Der Wolf im Hundepelz: Hundeerziehung aus unterschiedlichen Perspektiven.** Kosmos Verlag, Stuttgart

Feddersen-Petersen, D.: **Ausdrucksverhalten beim Hund.** Kosmos Verlag, Stuttgart

Gansloßer, U.; Kitchenham, K.: **Forschung trifft Hund.** Kosmos Verlag, Stuttgart

Hegewald-Kawich, H.: **Hunderassen von A bis Z.** Gräfe und Unzer Verlag, München

Ruge, N.; Bloch, G.: **Was fühlt mein Hund? Was denkt mein Hund?** Gräfe und Unzer Verlag, München

Taetz, A.: **Welpen-Spiele-Box.** Gräfe und Unzer Verlag, München

Winkler, S.: **Hunde-Clicker-Box.** Gräfe und Unzer Verlag, München

ZEITSCHRIFTEN

Der Hund. FORUM Zeitschriften und Spezialmedien GmbH, Merching, www.derhund.de

Partner Hund. Ein Herz für Tiere Media GmbH, München, www.partner-hund.de

HundeWelt. Minerva Verlag GmbH, Mönchengladbach, www.hunde-welt.de

Wuff. Petmedia Verlagsgesellschaft mbH, Maria-Anzbach/Sankt Pölten, www.wuff.eu

INTERNET

www.deine-hundeschule.com
Andrés Extramaterial zum Buch finden Sie im Login-Bereich (Hauptmenü) seiner Online-Hundeschule. Klicken Sie dort, unterhalb des Abschnitts »Login für Buch- und Gutscheinkunden«, auf den Link »Hier geht es zu unseren Büchern!« und dann auf den Login-Button unter dem Buchcover. Kennwort: **Welpenalarm**. Beim Tippen bitte Groß- und Kleinschreibung beachten.

www.julieleuze.de
Die Webseite von Julie Leuze mit allen Büchern der Autorin

www.hunde.com
Viele Infos, mit Nutzerforum

www.hundewelt.at
Wissenswertes über Rassehunde

www.stadthunde.com
Community für etliche Großstädte

www.tierklinik.de
Erste-Hilfe-Informationen und Notdienstadressen

BILDNACHWEIS

Alamy: 81, 203, 227; **Getty Images:** 15, 33, 50, 63, 71, 72, 94, 99, 117, 125, 150, 170; **iStockphoto:** Cover; 109, 123, 132, 147; **mauritius images:** 77, 129, 154, 165, 173, 183, 188, 201; **Plainpicture:** 229; **privat:** 8-2, 22, 44, 238-2; **Shutterstock:** 11, 60; **www.simarobc.co:** 22; **stock.adobe.com:** 35, 54, 66, 143, 161, 176, 198, 209; **Stocksy:** 2, 7, 12, 19, 20, 27, 39, 47, 57, 68, 84, 91, 102, 110, 141, 144, 193, 207, 214, 219, 220, 224; **Traumstoff:** 8-1; 238-1; **Trio Bildarchiv:** 40, 114, 158, 169, 185, 205, 213.

WICHTIGER HINWEIS

Die Informationen und Empfehlungen in diesem Buch beziehen sich auf gesunde und charakterlich einwandfreie Hunde. Es gibt Hunde, die aufgrund mangelhafter Sozialisierung und schlechter Erfahrungen mit Menschen in ihrem Verhalten auffällig sind und eventuell zum Beißen neigen. Solche Hunde sollten nur von Hundekennern gehalten werden.
Trotz aller Sorgfalt und Genauigkeit können weder Verlag noch Autoren Garantien oder Haftungen für Personen-, Sach- oder Vermögensschäden übernehmen, die durch die Anwendung der vermittelten Sachverhalte und Methoden entstehen können. Für jeden Hund ist ein ausreichender Versicherungsschutz zu empfehlen.

DIE AUTOREN

Julie Leuze studierte Politikwissenschaften und Neuere Geschichte, bevor sie sich dem Journalismus zuwandte. Mittlerweile widmet sie sich sehr erfolgreich dem Schreiben von Romanen. Ihr Buch »Der Geschmack von Sommerregen« wurde als bester deutschsprachiger Liebesroman des Jahres 2013 mit dem Literaturpreis »Delia 2014« ausgezeichnet. Ihrem Co-Autor, dem Hundetrainer André Henkelmann, begegnete sie, als sie selbst Unterstützung für die Erziehung ihres Welpen suchte (www.julieleuze.de).

André Henkelmann ist zertifizierter Hundetrainer und Verhaltensberater. Nachdem er über zehn Jahre eine eigene große Hundeschule in Hamburg leitete, hat er sich dazu entschlossen, nach Spanien zu ziehen und dort eine Online-Hundeschule zu gründen (www.deine-hundeschule.com). Sie bietet zahlreiche Kurse, in deren Fokus stets der Aufbau einer harmonischen Beziehung zwischen Mensch und Hund steht. Zudem betreibt er einen eigenen YouTube-Kanal rund um das Thema Hundeerziehung.

DIE WERDEN SIE AUCH LIEBEN.

ISBN 978-3-8338-7282-2

ISBN 978-3-8338-6646-3

ISBN 978-3-8338-6683-8

ISBN 978-3-8338-7126-9

 Auch als eBook erhältlich.

Projektleitung: Anita Zellner
Lektorat: Jens van Rooij
Bildredaktion: Petra Ender, Natascha Klebl (Cover)
Umschlaggestaltung und Layout: independent Medien-Design, Horst Moser, München
Herstellung: Susanne Fuhrmann
Satz: Ludger Vorfeld
Reproduktion: Longo AG, Bozen
Druck und Bindung: Drukarnia Dimograf Sp.z.o.o., Polen

ISBN 978-3-8338-7455-0

1. Auflage 2020

LIEBE LESERINNEN UND LESER,

wir wollen Ihnen mit diesem Buch Informationen und Anregungen geben, um Ihnen das Leben zu erleichtern oder Sie zu inspirieren, Neues auszuprobieren. Wir achten bei der Erstellung unserer Bücher auf Aktualität und stellen höchste Ansprüche an Inhalt und Gestaltung. Alle Anleitungen und Rezepte werden von unseren Autoren, jeweils Experten auf ihren Gebieten, gewissenhaft erstellt und von unseren Redakteuren/innen mit größter Sorgfalt ausgewählt und geprüft.

Haben wir Ihre Erwartungen erfüllt? Sind Sie mit diesem Buch und seinen Inhalten zufrieden? Haben Sie weitere Fragen zu diesem Thema? Wir freuen uns auf Ihre Rückmeldung, auf Lob, Kritik und Anregungen, damit wir für Sie immer besser werden können. Und wir freuen uns, wenn Sie diesen Titel weiterempfehlen, in Ihrem Freundeskreis oder bei Ihrem online-Kauf.

Sollten wir Ihre Erwartungen so gar nicht erfüllt haben, tauschen wir Ihnen Ihr Buch jederzeit gegen ein gleichwertiges zum gleichen oder ähnlichen Thema um.

KONTAKT
GRÄFE UND UNZER VERLAG
Leserservice
Postfach 86 03 13
81630 München
E-Mail: leserservice@graefe-und-unzer.de
Telefon: 00800 / 72 37 33 33*
Telefax: 00800 / 50 12 05 44*
Mo–Do: 9.00–17.00 Uhr
Fr: 9.00–16.00 Uhr (*gebührenfrei in D,A,CH)

Umwelthinweis:
Dieses Buch ist auf PEFC-zertifiziertem Papier aus nachhaltiger Waldwirtschaft gedruckt.

GRÄFE
UND
UNZER

Ein Unternehmen der
GANSKE VERLAGSGRUPPE

 www.facebook.com/gu.verlag